知識ゼロからの
シングル・モルト
&
ウイスキー
入門

The Guide of Tasting Whisky for Beginners

The First Book of Tasting Whisky

古谷三敏

幻冬舎

「知識ゼロからのシングル・モルト＆ウイスキー入門」／目次

パチ
パチ
パチ
パチ
パチ
パチ

第2章

スコッチ・ブレンデッド・ウイスキー、アイリッシュ・ウイスキー
―バランスのとれた味に根強い人気が―

第3章

アメリカン・ウイスキー、カナディアン・ウイスキー
――力強い味わいからやさしい香りまでさまざま――

第4章

ジャパニーズ・ウイスキー
―日本人の口にあう、きめ細やかな味わい―

第5章 おいしく味わうための基礎知識 ——ウイスキーのつくり方&飲み方——

DALMORE
SUNTORY WHISKY
響
17
GOLD MEDAL
I.W.HARPER
KENTUCKY STRAIGHT BOURBON WHISKEY
Crown Royal
Glenfiddich
STRATHISLA
CUTTY SARK

はじめに

ウイスキーの基礎の基礎を知る

BAR
レモン
ハート
日が暮れて、明かりの灯った「BARレモン・ハート」。人情味あふれるマスターが、無数の酒とともに訪れる人を待っている。
マスター！
いらっしゃい

ウイスキーのことを教えてボクをウイスキー博士にしてマスター、お願い!!
酒は酔えればいい松ちゃんがいったいどうしたの？

フリーライターの仕事をしている松ちゃん。今度ウイスキーの連載記事を書くことになった。ところが松ちゃん、BARレモン・ハートの常連でありながら、じつは酒オンチ。
そこで頼みの綱のマスターに飲みながら教えてもらおうと考えた。

わかりましたほかならぬ松ちゃんの頼みだからね
今夜から毎晩一杯ずつ飲みながら話をしましょう

←STEP 1へ

ウイスキーの基本をおさえる

まず基本の4つのポイントをおさえる。基本とはいえ、知らない人は意外に多い。覚えておこう。

1.ウイスキーは穀物が原料

Q. ねぇ、マスター。ウイスキーってなにからつくるの?

A. 大麦などの穀物からつくる

原料は二条大麦を中心とした穀物。トウモロコシや小麦などいろいろな穀物が使われているんだ。

2.ウイスキーは蒸留酒

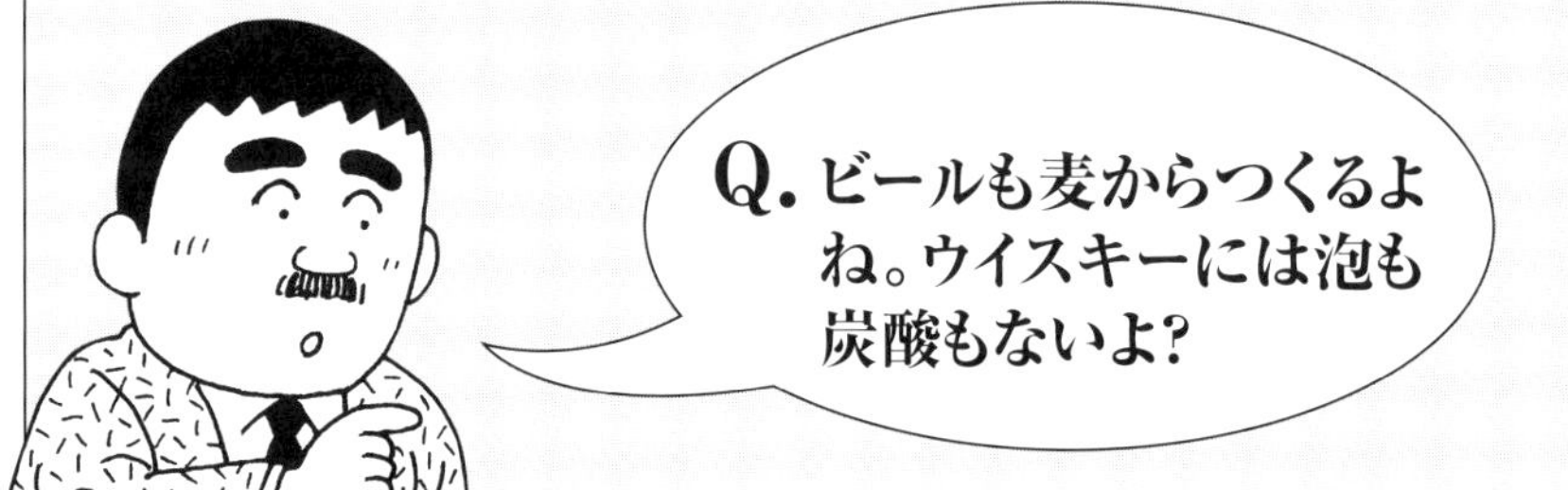
Q. ビールも麦からつくるよね。ウイスキーには泡も炭酸もないよ?

A. 蒸留するかしないかがビールとの違い

ビールやワイン、日本酒は原料を発酵させた醸造酒。醸造酒を蒸留して、アルコール分を高めたものが蒸留酒。ウイスキーのほかに、ジンやウオツカも蒸留酒。

3.ウイスキーは熟成が特徴

Q. ジンやウオツカは
無色透明だよ。
なぜウイスキーは
茶色いの?

A.　蒸留したては無色透明、樽熟成で色がつく

同じ蒸留酒のジンやウオツカと違うのは樽で熟成させる点。樽の成分で色がつくんだ。ワインを蒸留してつくるブランデーも樽熟成を経て色がつくよ。

4.スコッチもバーボンもウイスキー

Q. この店で
「ウイスキーください」って
注文する人いないね。
人気ないの?

A.　「ウイスキー」は幅広いから、分類した言葉でいう

「スコッチください」「バーボンください」もウイスキーのこと。原産国で5つに分けたときの呼び方。
(産地については次ページへ)

←STEP 2へ

STEP 2

5大生産地の特徴をつかむ

ウイスキーは世界中で愛されている酒だが、つくられている地域は限られている。生産量のおよそ95%が、5つの地域でつくられている。

それぞれお国柄、特徴がある。飲み比べて好きなタイプを探すといい。

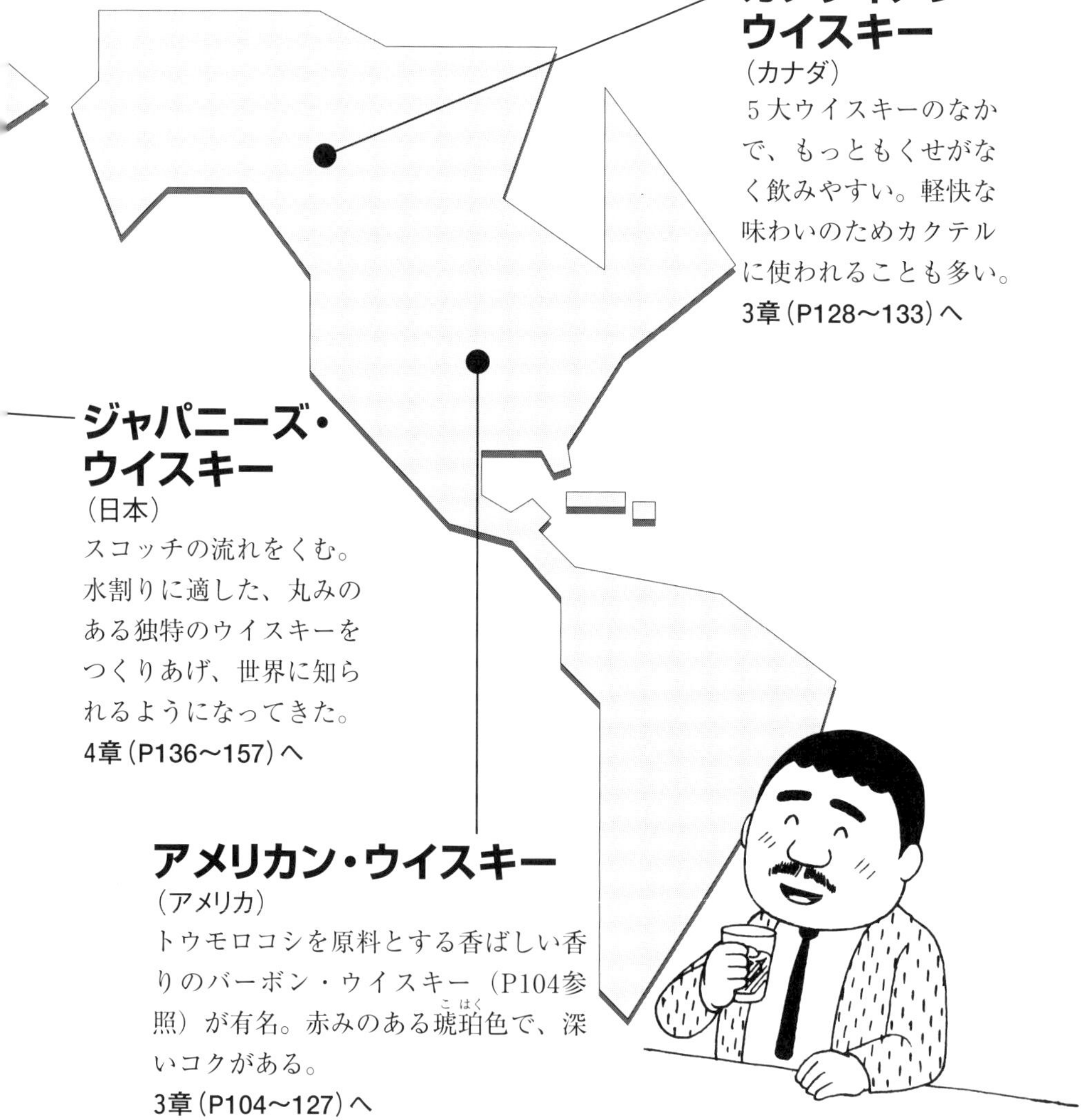

カナディアン・ウイスキー
（カナダ）
5大ウイスキーのなかで、もっともくせがなく飲みやすい。軽快な味わいのためカクテルに使われることも多い。

3章（P128〜133）へ

ジャパニーズ・ウイスキー
（日本）
スコッチの流れをくむ。水割りに適した、丸みのある独特のウイスキーをつくりあげ、世界に知られるようになってきた。
4章（P136〜157）へ

アメリカン・ウイスキー
（アメリカ）
トウモロコシを原料とする香ばしい香りのバーボン・ウイスキー（P104参照）が有名。赤みのある琥珀《こはく》色で、深いコクがある。
3章（P104〜127）へ

スコッチ・ウイスキー

（スコットランド／イギリス）

スコッチとよばれるのは、ウイスキーの本場スコットランドでつくられたもののみ。スモーキーで、芳香豊かな味わいだ。

1、2章（P18～93）へ

アイリッシュ・ウイスキー

（アイルランド）

スコットランドより古くからウイスキーをつくっていたといわれるアイルランド。すっきりと軽やかで、香り高く飲みやすい。

2章（P94～101）へ

←STEP 3へ

STEP 3

今夜の一杯を選ぶ

ウイスキーを知るにはいろいろ飲んでみるのがいちばん。生産地の違い、原料の違い、製法の違い、熟成の違いなど、数を飲むことによって、違いが自然とわかってくる。
初心者のうちは、いろいろ浮気しながら、多くのタイプを飲んでほしい。そのうち自分の好きなタイプがみえてくる。

個性の強いものが好き →

スコッチ・シングル・モルト・ウイスキーをどうぞ

いろいろな味わいのものが豊富にある。人と違うものを飲んでみたい人も満足できるだろう。こだわる人にぴったりの通好みの酒が多い。（P18へ）

まずは王道から試したい →

スコッチ・ブレンデッド・ウイスキーをどうぞ

一昔前、海外土産として人気を博した高級洋酒のオールド・パーやシーバス リーガルなど、聞き覚えのあるものが多い。バランスのとれた深みのある酒。（P68へ）

ひとくせあるものが好き →

アメリカン・ウイスキーをどうぞ

力強い味わいは男らしいと表現されることもある。くせはあるが、深いコクと甘さや香ばしさにやみつきになることも。（P104へ）

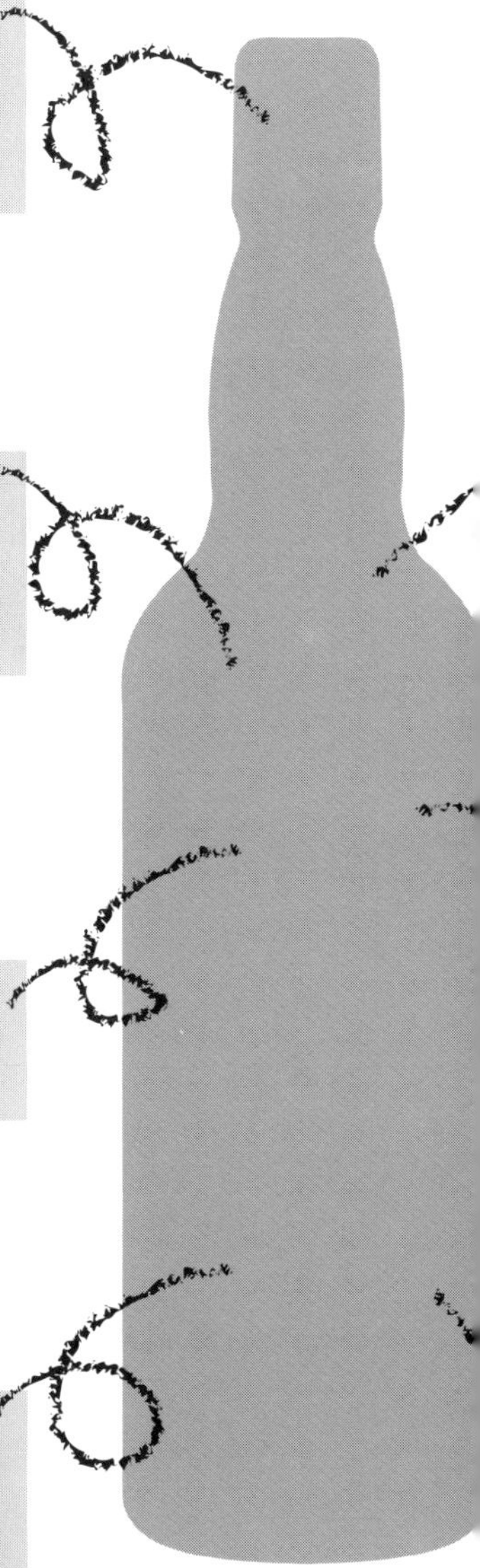

伝統的な味わいを知りたい

→

アイリッシュ・ウイスキーをどうぞ

ウイスキー発祥の地で、懐かしさを感じるような酒。蒸留回数がほかのウイスキーより多い、昔ながらの製法による味わいを試してみたい。（P94へ）

軽く飲みやすいものがいい

→

カナディアン・ウイスキーをどうぞ

軽快でさわやかな味わい。くせがないので、ソフトドリンクで割ってもあう。大勢で楽しく飲むのにはぴったり。（P128へ）

水割りが大好き

→

ジャパニーズ・ウイスキーをどうぞ

のびやかな香りは水割りにしても広がる。日本人の味覚にあわせて、日本でつくられたもの、日本人ならぜひ飲んでおきたい。
（P136へ）

たまには気分を変えたい

→

ウイスキー・ベースのカクテルをどうぞ

ウイスキー・ベースのカクテルは多い。バーへ行ったら、たまにはマンハッタンなどのカクテルで気分を変えるのもいい。（P180へ）

どれにする
ウイスキーコラム

ウイスキーは「生命の水」

蒸留技術は中世に錬金術師たちによって生み出された。その技術を使って醸造酒を蒸留すると、燃えるような味わいの液体になった。彼らはこれをラテン語で「アクア・ヴィテ（生命の水）」とよび、薬酒として重宝した。

蒸留技術は各地に伝わり、それぞれの地で蒸留酒がつくられ、アクア・ヴィテも各地の言葉に訳された。

ロシアでは「ズィズネニャ・ワダ（生命の水）」と訳され蒸留酒「ウオツカ」がつくられ、フランスでは「オー・ド・ヴィー（生命の水）」と訳され「ブランデー」という蒸留酒の女王がつくられた。北欧では蒸留酒「アクアヴィット（生命の水）」になったといわれる。

そして、アイルランドやスコットランドでは、ゲール語の「ウシュク・ベーハー（生命の水）」と訳され、蒸留酒の王「ウイスキー」になったと考えられている（ゲール語はヨーロッパ中西部からアイルランドやスコットランドへ移民したゲール族の言葉）。

第1章

スコッチ・シングル・モルト・ウイスキー

—ひとつひとつの個性と豊かな風味—

ウイスキーといえばスコッチ

シングル・モルトとブレンデッドの違いを知る

ウイスキーの代名詞ともいえるスコッチ・ウイスキーは、スコットランドで蒸留されたウイスキーのこと。スコットランド内での蒸留や、スコットランド内での3年以上の樽熟成などがスコッチ・ウイスキーと名のれる法的条件になっている。

スコッチの銘柄はじつに多彩だが、大きくは、大麦麦芽だけを原料とするモルト・ウイスキーと、トウモロコシなどの穀物を原料とするグレーン・ウイスキーに分けられる。このふたつは、原料だけでなく、蒸留法も異なっている。

数十種の蒸留所でつくられたモルト・ウイスキーと数種のグレーン・ウイスキーを混合したものが、ブレンデッド・ウイスキー。カティサーク、ジョニー・ウォーカー、オールド・パーなど、一般に広く知られている銘柄の多くは、ブレンデッド・ウイスキーなのだ。

一方、近年ウイスキー好きから熱い視線を浴びているのが、シングル・モルト・ウイスキー。ひとつの蒸留所でつくられたものだけを瓶詰めしたもので、その強い個性が多くの人の心をとらえている。

音楽にたとえるとシングル・モルトはソロ演奏ブレンデッドはオーケストラといわれますどちらも素敵です
昆布だしや鰹だしもいいし、合わせだしもいいってことだね

スコッチ・ウイスキーのタイプを知る

モルト・ウイスキー

原料 大麦麦芽（モルト）。

製造法 一般的に、単式蒸留器で２回蒸留し、オーク樽で３年以上熟成させる。

味わい 風味豊かでそれぞれに個性がある。

シングル・モルト・ウイスキー

ひとつの蒸留所で蒸留したモルト・ウイスキー。蒸留所名をブランド名に使うことが多い。個性的に仕上がる。

ヴァッテッド・モルト・ウイスキー

複数の蒸留所で蒸留したモルト・ウイスキーを混ぜたもの。

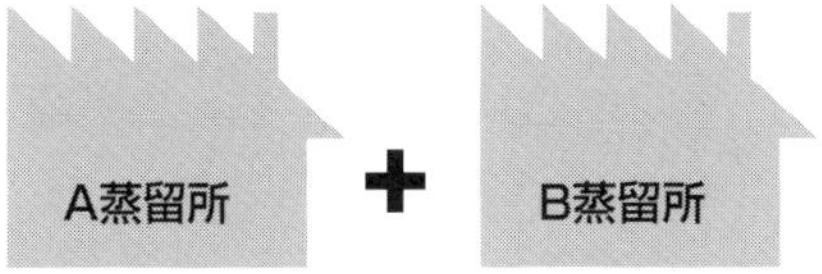

グレーン・ウイスキー

原料 トウモロコシ、ライ麦、小麦などの穀物。

製造法 連続式蒸留機で蒸留し、オーク樽で３年以上熟成させる。

味わい くせがなく、すっきり。主にブレンド用。

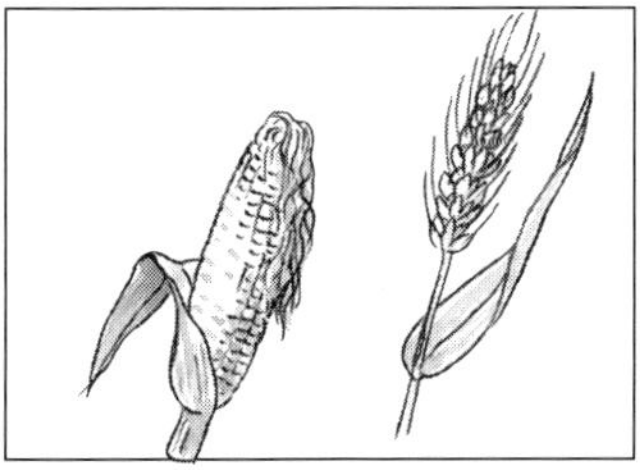

ブレンデッド・ウイスキー

製造法 多種類のモルト・ウイスキーとグレーン・ウイスキーをブレンドする。

味わい 風味が奥深く、バランスがとれていて飲みやすい。

＊製造法についてはP160〜169参照。

シングル・モルトは個性のかたまり

自分の舌にぴったりの味をみつける

ウイスキーはみな似たような味だと思っている人がいるかもしれないが、それはまったくの誤り。それがよくわかるのが、シングル・モルト・ウイスキーだ。ほかの蒸留所のモルト・ウイスキーを一切混合せず、ひとつの蒸留所だけでつくられているモルト・ウイスキーが使われる。氏素性のはっきりした、ウイスキーの神髄ともいえる。

スコットランドの主なウイスキー産地は、左ページに示したように大きく6つに分けられる。蒸留所は全部で約１１０カ所。ほとんどの場合、蒸留所の名前がそのままウイスキー名になっている。

シングル・モルト・ウイスキーの種類は、蒸留の年や熟成年数、アルコール度などで分かれるので、１０００種類程度あるといわれる。

各蒸留所でつくられるシングル・モルトは、その土地の気候や水などによって、ワインにひけをとらないほど、じつに多種多彩な風味をもつ。強烈に個性を主張するこれらウイスキーのなかから、自分の舌にぴったりのウイスキーを探し当てるのは、シングル・モルト・ウイスキーのおおいなる楽しみなのだ。

スコットランドの主な蒸留所

場所は左の地図参照

スペイサイド

① アベラワー
② ザ・バルヴェニー
③ クラガンモア
④ グレンファークラス
⑤ グレンフィディック
⑥ ザ・グレンリヴェット
⑦ ザ・マッカラン
⑧ ストラスアイラ

ハイランド

⑨ ダルモア
⑩ グレンモーレンジ
⑪ ロイヤル・ロッホナガー

アイラ

⑫ アードベッグ
⑬ ボウモア
⑭ ラガヴーリン
⑮ ラフロイグ

キャンベルタウン

⑯ スプリングバンク

ローランド

⑰ オーヘントッシャン

アイランズ

⑱ ハイランド・パーク
⑲ タリスカー

スコットランド6生産地の特徴を知る

（蒸留所名は右ページ下の番号参照）

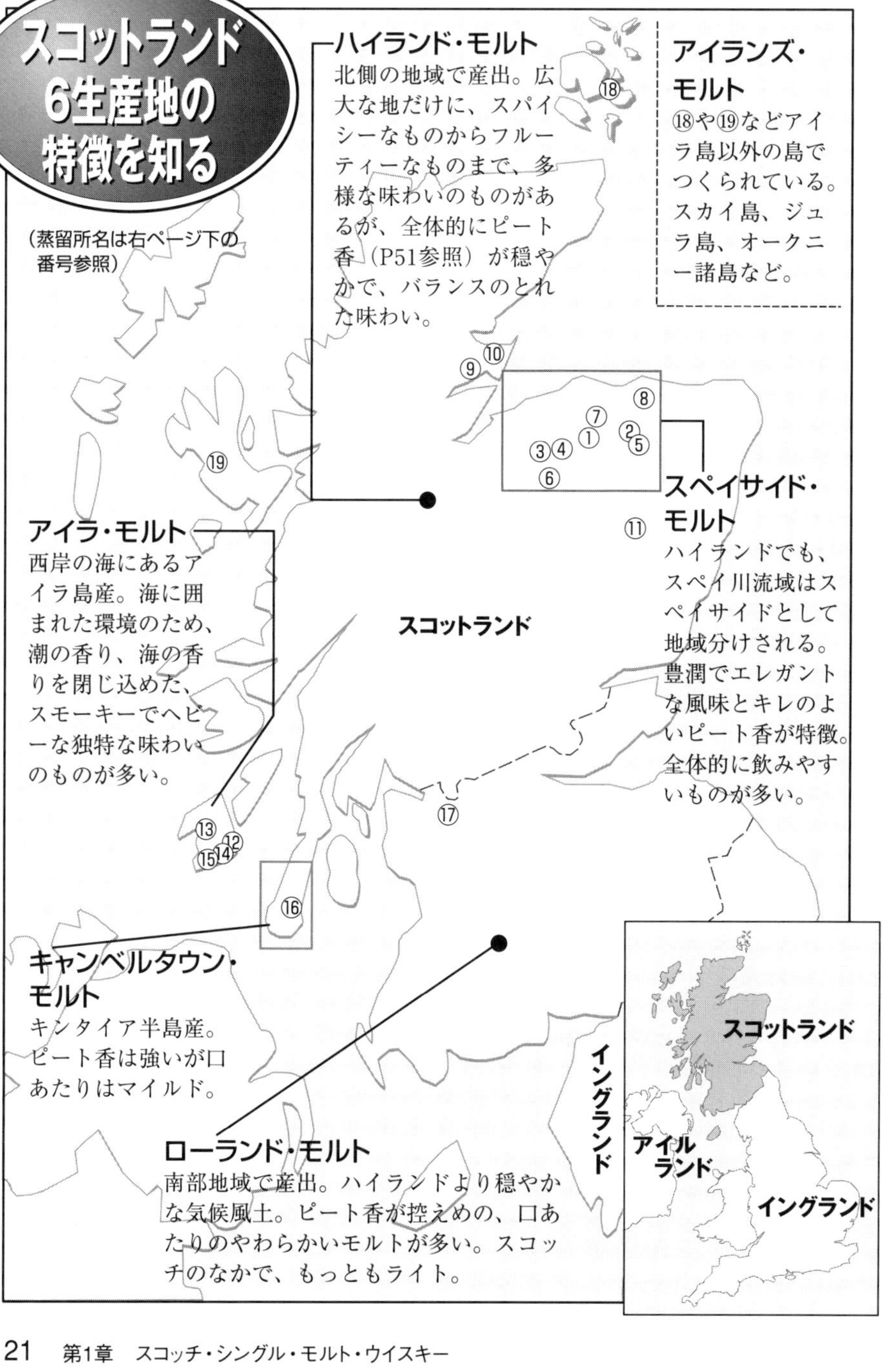

ハイランド・モルト

北側の地域で産出。広大な地だけに、スパイシーなものからフルーティーなものまで、多様な味わいのものがあるが、全体的にピート香（P51参照）が穏やかで、バランスのとれた味わい。

アイランズ・モルト

⑱や⑲などアイラ島以外の島でつくられている。スカイ島、ジュラ島、オークニー諸島など。

スペイサイド・モルト

ハイランドでも、スペイ川流域はスペイサイドとして地域分けされる。豊潤でエレガントな風味とキレのよいピート香が特徴。全体的に飲みやすいものが多い。

アイラ・モルト

西岸の海にあるアイラ島産。海に囲まれた環境のため、潮の香り、海の香りを閉じ込めた、スモーキーでヘビーな独特な味わいのものが多い。

キャンベルタウン・モルト

キンタイア半島産。ピート香は強いが口あたりはマイルド。

ローランド・モルト

南部地域で産出。ハイランドより穏やかな気候風土。ピート香が控えめの、口あたりのやわらかいモルトが多い。スコッチのなかで、もっともライト。

アベラワー

いい酒はストレートがうまい

アベラワーは、国際ワイン＆スピリッツ大会で何度も金賞を受賞しており、スペイサイド・モルトの逸品として、つとに名高い。

グラスを口元に近づけると、芳醇なラム酒のような快いエッセンスがたちのぼってくる。ほのかに甘い、やさしい口あたりは、夜のなごみの時間にぴったりだ。水で割ってもいいが、アベラワーの芳醇さ、スムースな飲み口を味わうには、ストレートで楽しむのがベスト。

この名品をつくっているのは、スペイサイドの中心部、ラワー川に沿って建つヴィクトリア調の美しい建物、アベラワー・グレンリヴェット蒸留所だ。創業は１８２６年だが、正式なラベルなどには、火災後に再建された１８７９年が記載されている。創業年が、ふたつあるわけだ。

１９７４年、フランスの会社に買収されて、近代的な施設が加えられた。この蒸留所では、スコットランド産の大麦だけを使用し、通常は木製である樽の栓をコルクにしている。このほうが不純物が蒸発しやすいためだという。

丹誠こめてつくられているだけに、深い味わいに仕上がっている。

アベラワー10年

「ABERLOUR」

アベラワー10年（43度）

このブランドのスタンダード品。スペイサイドらしい華やかで甘い香りが楽しめる。国際ワイン＆スピリッツ大会で金賞を受賞している。

アベラワー15年（40度）

しっかりしたボディで上品な香りがある。

アベラワー1976（43度）

1976年に蒸留したヴィンテージ品。

ストレートを注文する

Q.
マスター、よく注文のときにいう「ストレートで」ってどういう意味なの?

A.　水などを加えずにそのまま飲むこと

ウイスキーに、氷や水など一切なにも入れずにそのままの味を味わう飲み方のことをいう。ウイスキーそのものの味がよくわかるので、個性の強いシングル・モルトを楽しむのに、ぴったりな飲み方。

香りを楽しむには?

もっと香りを開かせたいと思ったら、水を少し加えるといい。

ニートってなに?

イギリスではストレートのことをニートともいう。意味は同じこと。

ストレートは強い?

アルコール度数が高いので、飲みにくいと思ったら水を加える。

Q.
じゃあ、シングル、ダブルはどんな意味?

A.　ウイスキーをどのくらい注ぐか、量をあらわしている

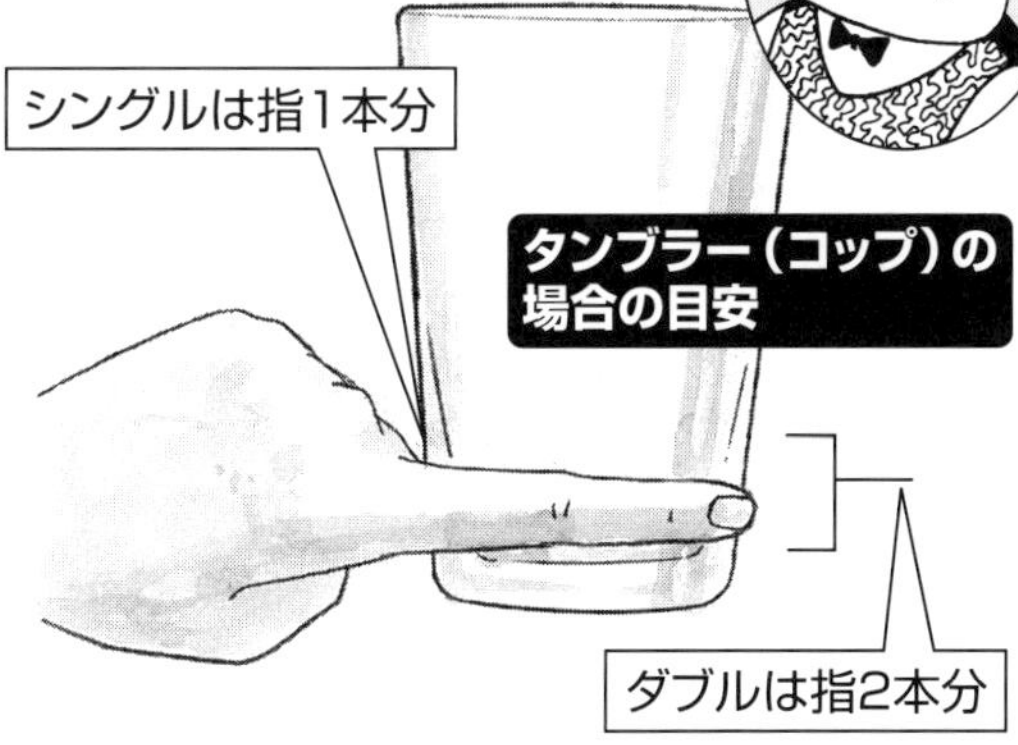

シングル…30ml。
ワン・フィンガー、ワン・ショットともいう。海外では単位がかわるため、量は微妙に異なる。
ダブル…60ml。
シングルの倍の量。

ザ・バルヴェニー

美しい琥珀色とスタイリッシュなラベルが輝く

ザ・バルヴェニーは、若草のようなみずみずしさをもちながら、なおかつ優美な深さをあわせもっている。金色に輝くその色は、じつに魅惑的だ。

バルヴェニーの10年ものや12年ものはバランスのいい風味が人気だ。ひとつの樽から瓶詰めしている「ザ・バルヴェニー15年シングル・バレル」はそれにも増して秀逸だろう。1本1本に蒸留年月日、瓶詰め年月日、ボトル・ナンバーなどがラベルに手書きで記されている。シンプルですっきりとしたラベルだ。

このモルト・ウイスキーをつくる蒸留所バルヴェニーは、世界一の販売量を誇るグレンフィディック（30ページ参照）の、第2蒸留所として1892年に誕生した。グレンフィディックの兄弟分といえる。

同じ敷地内に隣り合った蒸留所、しかも同じ水源、同じ産地で育った兄弟なら、風味も似通っているように思える。ところが不思議なことに、兄弟がお互いの存在を主張するように、はっきりとそれぞれの個性が浮き出ているのだ。

「THE BALVENIE」

ザ・バルヴェニー10年（40度）

ザ・バルヴェニー12年ダブル・ウッド（40度）
2種類の樽（バーボン樽のあとシェリー樽）で熟成。

ザ・バルヴェニー15年シングル・バレル（50度）

ザ・バルヴェニー21年ポート・ウッド（40度）

ザ・バルヴェニー25年シングル・バレル（46度）

＊樽についての説明はP43参照。

ザ・バルヴェニー15年シングル・バレル

ラベルで経歴を知る

ウイスキーのことがわかる履歴書のようなもの

　ボトルに貼ってあるラベルは、ただの飾りではない。ウイスキーの名前、年齢、出自、容量、度数などの情報が詰まった履歴書のようなもの。

銘柄名

つくり手がつけたウイスキーの名前。シングル・モルトは蒸留所の名前をつけることが多い。

熟成年数

蒸留後に樽熟成した年数。これは10年。ほかに蒸留年や瓶詰めの年を記載するところもある。

容量

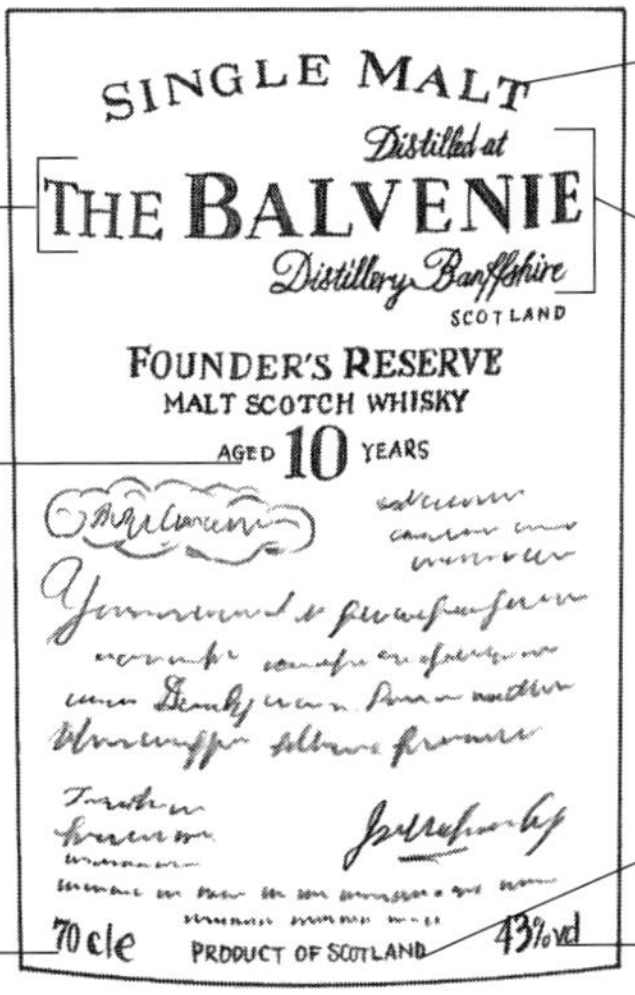

シングル・モルト

蒸留所名

銘柄名と蒸留所名が同じ場合、両者をあわせた表記の仕方をしているものもある。

スコットランド産

アルコール度数

クラガンモア

スペイサイドの特徴がこの一杯に

クラガンモアは、豊かな風味とデリケートさが絶妙のバランスでハーモニーを奏で、その味わいは、モーツアルトのシンフォニーにたとえられるほどだ。口あたりはソフトで、ウイスキーが苦手という人にも、抵抗なく受け入れられるに違いない。

この味わいを思い描き、情熱を傾け、見事に実現したのは、クラガンモアの創始者、ジョン・スミスだ。各地の高名な蒸留所でマネージャーを歴任し、偉大なるウイスキー職人としての名声を得ていたスミスは、理想の蒸留所づくりをめざして各地を探索、その結果見つけだしたのが、現在のバリンダルロッホという土地だった。

輸送の便がよかったこともあるが、もっとも重要なポイントは、この地には名水中の名水といわれる湧き水があったこと。

その名水でつくられるクラガンモアは、UDV社（ユナイテッド・ディスティラーズ&ヴィントナーズ）が所有する蒸留所から選んだ、〝クラシック・モルト・シリーズ（左ページ参照）〟の一翼を担う、スペイサイドを代表するモルト・ウイスキーなのだ。

「 CRAGGANMORE 」

クラガンモア12年（40度）

ブレンデッド・スコッチ・ウイスキーのオールド・パーの原酒のひとつ。

今夜の一杯はコレ!
蜜のような甘い香りが広がってくるんだ
CRAGGANMORE
12

この6本でスコッチがわかる

Q.
スコッチを究めようにも、なにから飲もうか迷っちゃって。おすすめを教えて

A.　地域別に飲んでみるといい

スコットランド各地域の特徴をもっともあらわしているものから試してみては。スコッチの多様性がわかり、自分の好みのタイプもみつけやすいよ。

スコッチ業界の最大手であるＵＤＶ社が、所有する蒸留所のなかから地域ごとに選び抜いたクラシック・モルト・シリーズの６本あたりからはじめるといい。

クラシック・モルト・シリーズ

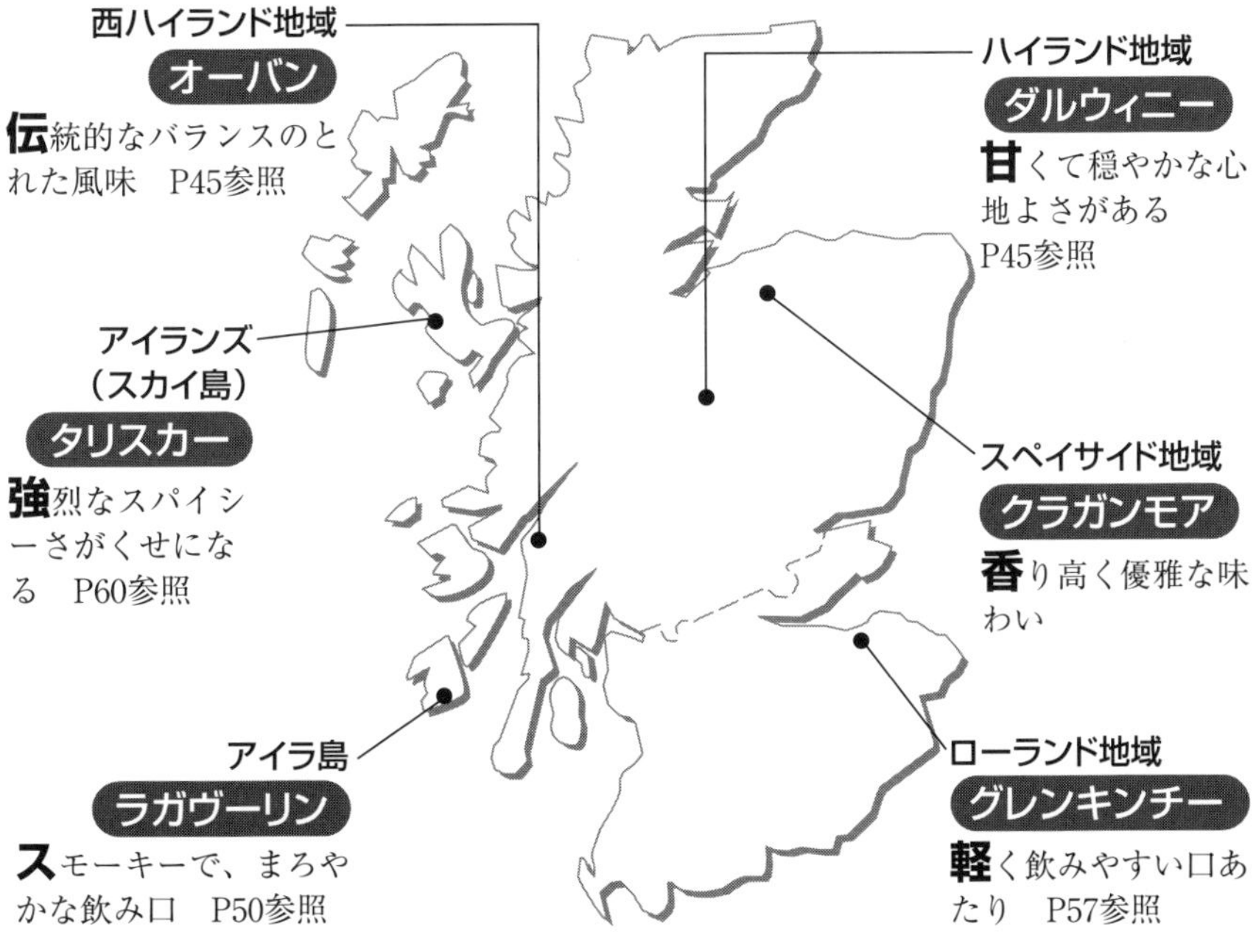

グレンファークラス

スペイサイドトップ3に入る人気

〝鉄の女〟と呼ばれたイギリスのサッチャー元首相が好んだといわれるのがこのモルト・ウイスキー。とくにアルコール度数60度のグレンファークラス１０５がお好みだったというから、さすが鉄の女？　さわやかなフルーティーさが持ち味で、水で割ってもしっかりした深いコクがある。食後のゆったりとしたひとときに口にするのにぴったりだ。

このモルトは、背後にそびえるベンリネス山の雪解け水を源流とする泉の良質な軟水を使用し、ガスバーナーで直火焚きをしている。そしてスペイサイドでもっとも大きなスチル（蒸留器）で蒸留し、最後はシェリー樽（シェリー酒貯蔵用の空き樽）で寝かされる。

こうして生まれたモルトは、ブレンダーが選ぶスペイサイドトップ３につねに選出されている、スペイサイドを代表する逸品だ。

グレンファークラスとは、スコットランドの言語ゲール語で〝緑の草原の谷間〟の意味。スペイ川を望む草原に建つ蒸留所は、創業１８３６年。創業者一族がいまだに家族経営をしている、数少ない蒸留所だ。

飲まなきゃ
一日が
終わらない

食後酒に向くシングル・モルト5

- ✿ グレンファークラス
- ✿ ハイランド・パーク
- ✿ ストラスアイラ
- ✿ ボウモア
- ✿ グレンロセス

ワインなどと違い、アルコール度が高く、濃厚な味のウイスキーは、食後の締めに飲むほうが向いている。

なかでも左にあげたモルト・ウイスキーは、深いコクがあり、食後の気分転換にゆったりと味わうには最高の酒だ。

グレンファークラス12年

「GLENFARCLAS」

グレンファークラス10年（40度）

グレンファークラス12年（43度）

グレンファークラス105（60度）

105はアルコールの強度（プルーフ）を示す。換算すると、105プルーフは60度になる。

グレンファークラス15年（46度）

グレンファークラス17年（43度）

グレンファークラス21年（43度）

グレンファークラス25年（43度）

グレンファークラス30年（43度）

度数は40〜43度が一般的。

熟成樽からだしたものを、そのまま瓶詰めしたものを樽出し（カスク・ストレングス）という。加水していないため、アルコール度数は高いままだ。風味も強い。

グレンフィディック

シングル・モルトの先駆けは売り上げ世界一

グレンフィディックは、もっとも著名な銘柄のひとつだ。比較的飲み口が軽く、万人に親しまれ、シングル・モルトの売り上げ世界ナンバーワンを誇っている。ウイスキーをよく知らない人でも、三角形のユニークなボトルをみたことがある人は多いはずだ。

この三角ボトルは、当初業界で笑い者になったというが、もっと笑い者にされたのが、１９６０年に、それまでブレンデッド用に出荷していたモルト・ウイスキーを、業界に先駆けて、シングル・モルトとして販売をはじめたことだ。

当時はほとんどがブレンデッド・ウイスキーだったから、個性が強いシングル・モルトが一般に受け入れられるわけがないと、鼻で笑われてしまったのだ。

ところが業界の冷たい視線をよそに、グレンフィディックは売れに売れた。シングル・モルトが注目を浴びたのは、それからである。

いまやシングル・モルトの代名詞にもなっているグレンフィディック、まだ飲んだことがなければ、一度は飲んでみてほしい。

スコッチ・シングル・モルト売り上げベスト5

世界	日本
1 グレンフィディック	1 ザ・マッカラン
2 グレン・グラント	2 グレンモーレンジ
3 ザ・グレンリヴェット	3 ザ・グレンリヴェット
4 カードゥ	4 グレンフィディック
5 ザ・マッカラン	5 ボウモア
「SINGLE MALT SCOTCH WHISKY WORLDWIDE 2002」 Impact Databank IMPACT M. Shanken Communications, Inc	「2003年輸入酒銘柄別ランキング」 酒類飲料日報　食品産業新聞社

飲みやすいハイランドやスペイサイドのモルトが上位を占める。とくに日本では香りの華やかなものが人気だ。

今夜の一杯はコレ!

グレンフィディック12年スペシャル・リザーヴ

「GLENFIDDICH」

グレンフィディック12年 スペシャル・リザーヴ（40度）

シングル・モルトとして、世界一の売り上げがある。このブランドでは12年ものだけがグリーンのボトル。

グレンフィディック15年 ソレラ・リザーヴ（40度）

シェリー酒の熟成法であるソレラ・システムという製法を応用しており、深みがある味わい。

グレンフィディック18年 エンシェント・リザーヴ（40度）

シェリーの一種オロロソ・シェリーの樽とオーク樽を用いており、風味豊か。

グレンフィディック30年（40度）

同ブランドの最高級品。長期熟成によりまろやかになった味わいが楽しめる。

ザ・グレンリヴェット

「スコッチの父」はシャープな切れ味をもつ

ザ・グレンリヴェットは珍しく硬水（通常は軟水）が使われており、シャープな切れ味とフルーツや花のような香りをもつ。

スコッチの歴史は、密造の歴史でもある。18世紀初頭に、スコットランドがイングランドに統合されて以降、ウイスキーにとんでもない重税がかけられるようになり、スコットランドの人々は、長い間山奥の深い谷間でこっそりとウイスキーをつくっていた。

イングランドがあまりの密造の多さに音をあげて、課税緩和策をとったのが１８２３年のこと。これにより、ウイスキーの密造時代はようやく終わりを告げた。

翌年、初の政府公認蒸留所として認可されたのが、このグレンリヴェットである。密造酒仲間からは裏切り者扱いされたが、このモルト・ウイスキーは大人気を博し、次々に同じ名前のウイスキーがあらわれる始末。たまりかねて訴訟を起こしたほどだ。

それ以来、名前の上に「ザ」をつけ、これぞ本物のグレンリヴェットであることを誇っている。

今夜の一杯はコレ!

「THE GLENLIVET」

ザ・グレンリヴェット12年（40度）

ザ・グレンリヴェット12年　フレンチ・オーク仕上げ（40度）
熟成の仕上げに、フランスのリムーザン地方のオーク樽で寝かせている。

ザ・グレンリヴェット18年（43度）
香りのバランスがよくまとまっている。

ザ・グレンリヴェット12年

スコッチは密造酒だった

スコッチの歴史が知りたい。そもそもいつからスコッチはあったの？

15世紀にはすでにつくられていたと考えられているよ。
ね、マスター。

色のないスコッチ

　そう。はじめてスコッチ・ウイスキーが文献に登場するのは1494年。スコットランド財務省の記録にアクアビテ（生命の水）として記載がある。
　当時は熟成の工程がなく、蒸留した段階の無色透明の強い酒（スピリッツ）だった。

密造酒の時代〜政府公認へ

　スコッチの人気にともない、高率の税金がかかるようになった。そのため山奥で密造し税金を払わない人が続出した。
　1823年にようやく酒税法が改定され、翌年に政府公認の蒸留所が誕生。第1号がグレンリヴェット蒸留所だ。

密造による発見

樽熟成	ウイスキーを樽に隠したことで、熟成による変化を発見
自然環境	清涼な水や山の気候などがスコッチづくりに最適と判明

ブレンデッド誕生〜世界のスコッチへ

　19世紀にはブレンデッド・ウイスキーが誕生する。
　そのころ害虫がヨーロッパで蔓延し、ぶどうの木が全滅。ぶどうからつくるワインやブランデーが希少になった。そのかわりにスコッチが飲まれるようになり、広まっていったのだ。

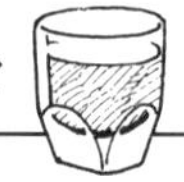

ザ・マッカラン

〝モルトのロールスロイス〟と絶賛されるまろやかさ

「どんなモルトからはじめればいいだろう」と悩むシングル・モルト初心者に、多くの人が真っ先にすすめるのが、ザ・マッカランだ。

百貨店のハロッズが出版している『ウイスキー読本』で、〝シングル・モルトのロールスロイス〟とまで絶賛されているのだ。

一口含んでみれば、こうした理由がよくわかる。舌にからみつくようにまろやかで、シェリーの芳醇な香りがかすかに漂い、じつに心地よい飲み心地だ。

かねてから業界では、〝トップドレッシング〟といって、ブレンデッドになくてはならないモルトと絶賛されていた。シングル・モルトとしても、もちろん好評。いまでは地元で人気ナンバーワンなのはもちろん、世界でも売り上げ5位と、堂々たる地位を築いている。

究極のバランスといわれるこの風味は、最高級大麦の使用、シェリー樽の吟味、スペイサイド最小の蒸留器でガスの直火焚きをするなどのこだわりから生まれている。ちなみに、現在では多くの蒸留所で採用しているシェリー樽の使用は、マッカランが最初にはじめた。

ボクちゃんは若い子のほうが好き

年齢に応じた良さを味わう

いろいろな銘柄のウイスキーを楽しむのはもちろんいいが、マッカランのようにさまざまな熟成年のものが出ているなら、異なる熟成年のウイスキーを飲み比べるのも楽しい。

古いほど値段は高くなるが、よりおいしくなるとは限らない。若いものは若いものの輝きがあり、古いものには、年を重ねて磨かれていくまろみがある。人間と同じで、どちらが絶対に良いというわけではないのだ。多くのスコッチ・ウイスキーは10年から20年で熟成のピークを迎えるといわれる。

今夜の一杯はコレ!

「THE MACALLAN」

ザ・マッカラン25年

ザ・マッカラン・ディスティラーズ・チョイス（40度）
「ザ・マッカランの貴公子」として日本向けに発売されている。

ザ・マッカラン10年（40度）

ザ・マッカラン12年（43度）

ザ・マッカラン15年（43度）

ザ・マッカラン18年（43度）

ザ・マッカラン18年グラン・レセルバ（40度）
同じ18年でも、シェリーの熟成以外に使用したことのないシェリー樽に貯蔵されたもの。赤みがかっていて、濃厚な味わいに仕上がっている。

ザ・マッカラン25年（43度）

ザ・マッカラン30年（43度）

ザ・マッカラン50年（43度）

ストラスアイラ

妖艶な甘さは、妖精の泉の水で仕込むから？

口に含むと、からみつくように舌を滑り、その後に熟れた果実のような香りが口中に漂う。まろやかで濃厚な、その味と香りは、食後のリラックスタイムにぴったりマッチする。

ブレンデッド・ウイスキーを飲み慣れた人なら、シーバス リーガルを連想するかもしれない。それもそのはず、シーバスのメインとして使われている酒が、ストラスアイラなのだ。

シーバスに使われるのは12年もの以上。蒸留所が出しているシングル・モルトも12年ものだけ。そのこだわりのもとでウイスキーづくりを続けてきた蒸留所は、１７８６年創業。キースという、かつてリネン産業で栄えた町に生まれたストラスアイラ（創業当時はミルタウンという名称だった）は、スペイサイドでもっとも古い蒸留所だ。

仕込み水はブルームヒル池からひく。池には、夜、水の精があらわれ、池に近づく人を溺死させるという伝説があり、これがストラスアイラの隠し味なのだという。ブラックユーモア的な話だが、このウイスキーの幻想的な味を前にすると、たしかにうなずけるものがある。

今夜の一杯はコレ!

「STRATHISLA」

ストラスアイラ12年（43度）

瓶詰め業者（ボトラーズ）についてはＰ62参照。

仕込み水が鍵を握る

Q.
マスター、仕込み水ってなに?

A.　原料として各工程で使う水のこと

浸麦（P161参照）や糖化・発酵など、ウイスキーづくりの工程で使う水のことで、ほとんどの蒸留所でミネラル・ウォーターが使われている。

蒸留所によって、水の成分や硬度が異なり、色も無色透明だけでなく、泥炭層をとおってきた薄茶色のにごり水などさまざま。これがウイスキーに反映されて、個性をつくるんだ。

水が使われる主なポイント

浸麦
麦を発芽させるときに吸わせる

糖化・発酵
発酵させるときに大量に加える

（加水）
瓶詰め前の度数調整に使うところがある

仕込み水

軟　水

カルシウムなどミネラル分が少ないやわらかい水。ウイスキーがまろやかで軽やかに仕上がる軟水は、仕込み水に最適といわれる。

硬　水

ミネラル分の豊富な硬質の水。仕込み水は軟水がいいといわれるが、逆に硬水の持ち味を生かし、すっきりした切れ味を出しているものもある。

軟水が使われている主な銘柄

- クラガンモア（P26参照）
- グレンフィディック（P30参照）
- ザ・マッカラン（P34参照）など多数

硬水が使われている主な銘柄

- ザ・グレンリヴェット（P32参照）
- グレンモーレンジ（P42参照）
- ハイランド・パーク（P58参照）

そのほかのスペイサイド・モルト

芳香豊かで、魅力いっぱい

スペイサイドには蒸留所が約50も集まって、しのぎを削ってウイスキーづくりをしているだけに、シングル・モルトの逸品がずらりと並ぶ。

全体的に、エレガントで華やかな香り、抑制のきいたへビーさなどがスペイサイド・モルトの特徴だが、大別すると、これまで紹介したなかでは、ザ・マッカラン、グレンファークラスのように力強いタイプと、ザ・グレンリヴェットのようにデリケートなタイプがある。

このデリケートタイプに、「グレン・グラント」がある。シングル・モルトとして売り上げ世界ナンバー2を誇るだけあって、そのドライで爽快な切れ味はほかの追随を許さない。同じタイプの「ノッカンドオ」は、華やかなモルト・ウイスキーで、やわらかな味わいが魅力だ。

ほかにも、食前酒仕様にさらりと仕上げた「スペイバーン」、最後の熟成を白ワイン樽に移し替え、フルーティーさを加えた「グレン・マレイ」など、さまざまな特徴をもつ色とりどりのモルト・ウイスキーが咲き誇っている。シングル・モルトを飲み比べるなら、スペイサイドのものからスタートすると、百花繚乱のモルトを十分に楽しめるだろう。

テイスティングで違いを知る

飲み比べて味の差を楽しむ

いくつかシングル・モルトがあるとき、何杯か飲むとき、たまにはじっくり味の違いを探るのも楽しいものだ。

この味見をテイスティングという。色、香り、味を自分の感覚と照らしあわせてみるといい。

グラスはふちが内側にカーブしているワイングラスのようなチューリップ型で、透明なものを使うといい。ストレートで試したあと、水を少し加えると、香りが開花するのがよくわかる。

色

白いものを背景にし、色の違いをみる（色についての詳細はP75参照）。

香り

さっとかいで第一印象を覚え、鼻を近づけてゆっくりかぐ。水を加えて変化する香りや、飲み終えたグラスの残り香もかいでみる。

チェックポイント

花、果物、ナッツ、蜜、穀物、潮などの香りがしないか注意してかぐ。

味

口に含み、舌の上でころがすように味をみて、ゆっくり飲み込んでのどごしと余韻を味わう。

チェックポイント

口に含んだとき

つるつる、ぴりぴり感などはないか、口あたりはどうか（ふわり、さらり、べたべたなど）をみる。

舌にのせたとき

甘さや熱さ、刺激やとろみがあるかをみる。

飲んだあと

さっぱり感やうるおい、舌が乾くかどうか、どのくらいの間、味わいが舌に残るかをみる。

ダルモア

コクのあるモルトにはハバナ葉巻がよくあう

ほのかに甘くフルーティな香りが漂い、コクがあってスパイシー、かすかにスモーキーなダルモアは、食後の休息の時間にゆったりと味わいたい。

コクのあるモルト・ウイスキーには葉巻がよくあう。ダルモアには、葉巻にあうよう、12年と21年の熟成モルトを特別にあわせたシガー・モルトが発売されている。

また、モルトファン垂涎の、50年以上眠っていたダルモアがある。1920〜1930年代に仕込まれたモルト・ウイスキー、黒の陶器に大切に詰められた「ダルモア50」が、わずかながら出回っているのだ。ハバナ葉巻をくゆらせながら味わったら、最高の気分だろう。

なお、各ラベルの上、ボトルの肩付近にりっぱな角の牡鹿の紋様が描かれているが、ダルモア蒸留所のあるロス州は、昔から鹿撃ちで名が知れていた土地だ。それが牡鹿デザインの由来になっているという。

蒸留所は、ロス州アルネス町郊外の、クロマティー湾を見下ろす絶景の地に建っている。

ウイスキーと
シガーの
香りの共演だ

スマートに葉巻を吸うには…

食後に一杯のウイスキーを味わいながら一本の葉巻をくゆらせるのは、最高のひとときだ。

葉巻の吸い方は、まず吸い口を専用のカッターでカットする。葉巻用のライターなどで火をつける（オイルの香りが葉巻にうつってしまうため、オイルライターは厳禁）。軽くくわえて、煙を口に満たし、タバコのように胸まで吸い込まず、口のなかで香りを味わう。

灰皿においておくと自然に火は消える。もみ消してはいけない。

香りが強いため、吸ってよい場所か、よく確認しよう。

「DALMORE」

今夜の一杯はコレ!

ダルモア12年

ダルモア12年（43度）

ダルモア・シガー・モルト（43度）
2001年の春以降、日本でも発売されるようになった。

ダルモア21年（43度）

葉巻をくゆらせスコッチを飲む

個性的なモルトがおすすめ

ダルモア・シガー・モルト以外にも葉巻と相性のいいものがある。
とくにスモーキーなものやコクのあるリッチなスコッチは葉巻とあうから、試してみたら。

試してみたい組み合わせ

リッチな味を満喫するには

ダルモア・シガー・モルト ✕ モンテクリスト（ハバナ産の人気ブランド）

ウイスキーも葉巻も個性が強烈なのは

アードベッグ（P46参照） ✕ コイーバ（1968年に生まれたハバナ葉巻）

洗練された味わいを楽しむなら

タリスカー（P60参照） ✕ ロミオ・Y・ジュリエッタ（1875年に発売。チャーチル元英国首相お気に入りのキューバ葉巻）

女性におすすめの華やかでマイルドな組み合わせは

ザ・マッカラン（P34参照） ✕ ダビドフ（シガーの代名詞といえる。マイルドな味わいは、初心者にもおすすめ）

グレンモーレンジ

フルーツの香りが女性を誘う

　ウイスキーというと、どちらかといえば男の酒のイメージが強い。けれどウイスキー初心者の女性にもおすすめできるのが、このグレンモーレンジだ。淡い金色のボトルの色合いからして華やかだが、飲んでみるとさらに華やかさが増す。花の香りのような甘くかぐわしい香りがあり、繊細な味が、舌の上でさわやかに躍る。

　だからといって、男性に物足りないなんてことはない。なにしろグレンモーレンジは、スコットランド国内でもっとも愛されているモルト・ウイスキーのひとつ。出荷しているのはすべてシングル・モルト。ブレンデッド用には、一切供給していないのだ。ハイランド・モルトの、代表中の代表といえるだろう。

　フローラルでフルーティーな香りのもとは、バーボン樽にある。ここでは、熟成樽にバーボンの空樽を使用しているのだ。アメリカ・ケンタッキー州のオークを原木ごと買い上げ、それを一度バーボンの熟成に使用してから、モルト・ウイスキーの熟成に使っている。そのこだわりが、世界に愛されるモルト・ウイスキーの原動力になっているのだ。

今夜の一杯はコレ！

「　GLENMORANGIE　」

グレンモーレンジ10年、18年、25年（各43度）
グレンモーレンジ・ポート・ウッド・フィニッシュ（43度）
グレンモーレンジ・シェリー・ウッド・フィニッシュ（43度）
グレンモーレンジ・マデイラ・ウッド・フィニッシュ（43度）
グレンモーレンジ・バーガンディ・ウッド・フィニッシュ（43度）

「〜・ウッド・フィニッシュ」とは熟成の仕上げに使った樽の種類のこと。

グレンモーレンジ10年

熟成樽によって味が違う

熟成樽の種類が銘柄についているものがある

熟成樽はホワイト・オークが材料。種類や大きさはさまざまで、新品の場合と別の酒の樽を再利用する場合がある（スコッチの場合、新樽は使わない）。これらの違いが熟成後の風味の違いを生む。樽のタイプがわかれば、ある程度、味の特徴が想像できる。

銘柄によっては「～ウッド」など名前に樽の種類名がつくものも。

樽の種類

シェリー樽	バーボン樽	ウイスキー樽／プレーン樽
シェリー酒を寝かせていた樽。シェリーの香りや色味がうつり、ほのかに甘く赤みを帯びる。	バーボンを寝かせていた樽。かならず樽の内側に焦げ目があり、上品な木香と濃厚な味を生む。	ウイスキーの熟成に繰り返し使い、それ以前に寝かせていた別の酒の風味がなくなった樽の通称。

樽のサイズ

バレル	最大径約65cm、長さ約86cm、容量約180ℓ
ホッグスヘッド	最大径約72cm、長さ約82cm、容量約230ℓ
パンチョン	最大径約96cm、長さ約107cm、容量約480ℓ
シェリー・バット	最大径約89cm、長さ約128cm、容量約480ℓ

マデイラ酒*や
ポート
ワインの樽も
あるんだ

＊ワインにブランデーを加えてつくるポルトガルの酒精強化ワイン。

ロイヤル・ロッホナガー

ヴィクトリア女王が愛した味わい

このモルト・ウイスキーは爽快感のある香りが漂う、スパイシーでコクのあるタイプ。食後のひとときにぜひ味わいたい。

ロッホナガーとは、ディー川沿いにある山の名前で、ゲール語で〝岩の露出した湖〟の意味。湖の名前が、そのまま山の名前にも使われているのだ。

詩人バイロンが幼少時に暮らしたというこの地に、蒸留所が設立されたのが1845年。その3年後のことである。蒸留所のとなりにあったバルモラル城を、当時のヴィクトリア女王が夏の離宮として購入した。蒸留所の創設者ジョン・ベグがこの隣人に「見学に来ませんか」と手紙を書いたところ、ロイヤル・ファミリーが本当に見学に訪れた。しかもその後「王室御用達」を許可する書状が送られてきたのだ。以来、ロッホナガーの頭にロイヤルがついたのである。

女王夫妻は、このモルトを愛飲して、ときに極上ボルドーワインにロッホナガーを数滴たらして飲んでいたとか。いったいどのような味になるのか、興味のある人はお試しあれ。

今夜の一杯はコレ!
ROYAL LOCHNAGAR
SELECTED RESERVE
SCOTCH WHISKY

「 ROYAL LOCHNAGAR 」

ロイヤル・ロッホナガー・セレクテッド・リザーヴ（43度）

ロイヤル・
ロッホナガー・
セレクテッド・
リザーヴは
1本数万円する
とても高価なもの
12年ものなら
手頃な価格で
手に入るよ

「OBAN」

オーバン14年（43度）

ほっと一息できる落ち着いた一杯

穏やかな味が多いハイランドのなかで、アイラ・モルトに似た、スモーキーな香りが特徴。きらびやかなムードはないが、落ち着いた伝統的な味わいのモルト・ウイスキー。

蒸留所は、天然の良港がある西ハイランドのオーバンにある。

「DALWHINNIE」

ダルウィニー15年（43度）

陽だまりのような暖かさがある

大麦の甘さはあるが、軽快に飲める。スペイサイド・モルトのような香りの広がりがあるハイランド・モルト。

ダルウィニーとは集結場という意味。蒸留所はスペイ川最上流地にある商業路の中継地にある。この蒸留所は気象観測の測候所にもなっている変わり種だ。

「GLENTURRET」

グレンタレット12年（40度）

香ばしい麦芽の香りにそそられる

香ばしい香りが出ていて軽い風味がある。スコットランドのなかでも極めて小さな蒸留所でつくられている。

アードベッグ

強烈なスモーキーさがくせになる

なんの予備知識もなく、アードベッグを口にすると、多くの人がびっくりするに違いない。口いっぱいに広がるスモークさが、強烈に舌を襲う。さらに〝潮のような〟と表現される香りもあり、人によっては消毒薬のにおいに感じられる。はじめてコーラを飲んだときのような、妙な薬っぽさといえるだろうか。

この強烈なスモーキーさが、アイラ島でつくられているモルト・ウイスキーの大きな個性なのだが、なかでもアードベッグは、その伝統の味をしっかりと主張した、古典的なモルトなのだ。

マイルドなブレンデッド・ウイスキーを飲み慣れた人には、最初は拒否反応があるかもしれない。しかし飲み続けていると、ほかのウイスキーが物足りなくなるくらい、この味にはまってしまう。

ただアードベッグは、生産規模が小さく、バランタインに欠かせない原酒のため、シングル・モルトとして出回っている量はわずか。公的に出荷されるのは、年間200ケース程度、手に入れるのがむずかしいのが残念だ。

強い個性があるから重宝される

アイラの個性はブレンドに欠かせない

万人向けに飲みやすくつくられるブレンデッド・ウイスキー。くせのない味が多いが、ブレンドにアイラ・モルトが使われることが多い。日本でもおなじみのブレンデッド・ウイスキーのバランタインには、アードベッグが欠かせない。カティサークや、ホワイトホースにもアイラ・モルトがブレンドされている。

アイラ・モルトの潮っぽさが甘さを引き立て、個性的な香りが華やかな香りに深みを与える。アイラの個性がブレンドのバランスをとり、奥深さを加えるスパイスの役割になっているのだ。

アードベッグ17年

「ARDBEG」

アードベッグ10年（46度）

アードベッグ17年（40度）

アードベッグ1977（46度）

アードベッグ・ロード・オブ・ジ・アイルズ25年（46度）

ロード・オブ・ジ・アイルズは「島々の君主」の意味。1974年と1975年の原酒をあわせたもの。

アードベッグ・プロヴナンス1974（55.6度）

アードベッグの最高峰。アルコール度数も高い。

ボウモア

アイラ入門にぴったりの一杯

同じアイラ島でも、北は比較的軽やか、南は重厚なモルトがつくられているが、ボウモアは島の中心にあるためか、その中間的な風合いだ。アイラの特徴であるスモーキーさは多少抑えられていて、その分フルーツや花などの多様な香りが織り交ざっている。それが絶妙のバランスを保って、瓶に詰まっているのだ。複雑で芳醇なその味は、アイラ全体を知るのにまさにうってつけ。アイラのなかでは飲みやすいので、アイラ・モルト入門に、まずは試してみたい一杯だ。

ボウモアとは、〝大きな岩礁〟の意味。創業1779年と、アイラ島ではもっとも古い蒸留所が、海に浮かぶ要塞のようにそびえている。自社で麦芽製造もする、数少ない蒸留所のひとつで、現在はサントリーが所有している。

ボウモア蒸留所でおもしろいのは、蒸留器の冷却用の水を使って、温水プールをつくり、地元の人たちに開放していること。なにしろウイスキーづくりは島の主幹産業。島の生活そのものの蒸留所を、島民たちの憩いの場所としておおいに利用してもらおうというわけだ。

技術も
体力も
いるんだよ

伝統製法を守る

フロアモルティングでつくられる代表銘柄

- ☆ スプリングバンク
- ☆ ハイランド・パーク
- ☆ ラフロイグ
- ☆ ボウモア

フロアモルティングとは、ウイスキーの原料の大麦麦芽を水に浸したあとコンクリートの床に広げ発芽を促す工程のこと。発芽がムラにならないよう、一定の間隔で麦芽をシャベルですき返す手間のかかる作業。

大量生産できないため、別の製法を採用している専門業者に外注することが多いが、伝統製法にこだわっている蒸留所もある。

ボウモア12年

「 BOWMORE 」

ボウモア・シングル・セレクト（40度）

ボウモア12年（40度）

ボウモア・カスク・ストレングス（56度）
14年以上熟成させた樽からそのまま出した樽出し原酒で、濃く力強い味わい。

ボウモア・ダーケスト（43度）
バーボン樽での熟成ののち、シェリー樽で熟成され、濃い色と重厚さが特徴。

ボウモア15年マリナー（43度）
免税店での限定販売だったものが一般にも販売されるようになった。

ボウモア17年（43度）

ボウモア21年（43度）

ラガヴーリン

優美なまろみがスモーキーさを包みこむ

アイラ・モルトのみならず、全モルト・ウイスキーのなかでも傑作中の傑作と絶賛されているのが、このラガヴーリンだ。まろやかな舌ざわり、シェリーのような甘さがほのかに漂う香りなどから、エレガントな風味といわれることがある。しかし淑女のエレガントさと違い、男性的なパワーがあふれる優美さなのだ。

そのパワーは、強烈なスモーキーさにある。アイラ・モルト独特の、潮の香りやピート香も強く、人によっては「ちょっと……」と抵抗感があるかもしれない。しかし印象深いこの味が、多くの人を虜《とりこ》にしてしまうのだ。

ラガヴーリン蒸留所の入り口には、ホワイトホースの大きな看板がたっている。なぜなら、このモルトは、おなじみのブレンデッド・ウイスキー、ホワイトホースの核となる原酒だからだ。ホワイトホースを飲むときに、ラガヴーリンの風味を探してみるのも一興かも。

なお、かつては12年ものも出回っていたが、現在は16年ものが主流。より一層まろやかな味に、蒸留所のこだわりがあるのだろう。

今夜の一杯はコレ!
LAGAVULIN
16
SCOTCH WHISKY

「LAGAVULIN」

ラガヴーリン16年（43度）

＊P27参照

UDV社が自信をもってすすめるクラシック・モルト・シリーズ*の1本だ

ピートがアイラの個性になる

Q.
ピート香が強いとか、ピーティーとかいうけど、ピートってなに？

A.　ピートは特有の香りをもつ泥炭のこと

ウイスキーの話で欠かせないピートとは、ヘザー（イングランドではヒース）やコケ、シダなど寒冷地に生える植物が、何千年、何万年も堆積してできた泥炭《でいたん》のこと。この泥炭層を切り出し、麦芽を乾燥させるときの燃料として使うのである。

ただ現在では、乾燥自体はガスなどで行なうことが多く、香りづけの目的でピートを焚いている。このときの焚きこみ時間やタイミング、火の強弱などで、そのモルトのピート香がきまる。

焚くタイミングと長さが個性をつくる

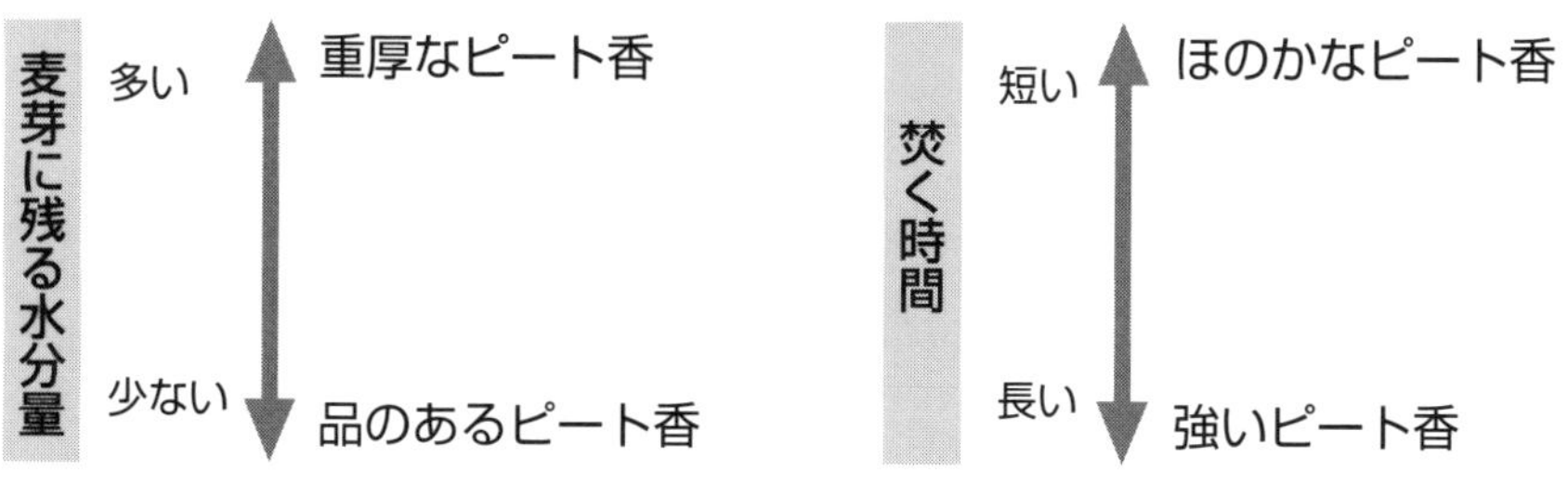

どのくらい乾燥させた段階でピートを焚くかが重要。麦芽の水分率が高いほど煙の吸収率も高くなり、ヘビーになる。

長い時間をかけて焚くほどピート香が強くなる。

ラフロイグ

独特さはチャールズ皇太子お気に入り

アイラ・モルト全般にいえることだが、ラフロイグも好き嫌いがはっきりしそうだ。嫌いな人は、ヨードのような薬品くささに閉口するかもしれない。好きな人は、強いピートの煙を全身に感じ取り、まるでアイラ島に飛んでしまったかのように、うっとりしてしまう。

たしかに初心者には飲みにくいかもしれないが、モルト通にはなくてはならない逸品だ。１９８８年の国際ワイン＆スピリッツ大会ではベスト・シングル・モルトに選ばれているし、いまだに世界の免税店でよく売れている、たいへんな人気者なのだ。

ラフロイグの独特の風味は、蒸留所が所有する土地から切り出されるピートにあるだろう。このピートには、多量のコケが含まれているため、薬品のようだといわれる特有の香りが漂うのだ。熟成にバーボン樽を使っていることも、このモルト・ウイスキーに深い風味を加えている。

世にラフロイグ愛好家は数知れないが、そのひとりがチャールズ皇太子。皇太子は、この愛するアイラ・モルトに、シングル・モルトでははじめて、プリンス・オブ・ウェールズ御用達の許可を与えた。

今夜の一杯はコレ!

「LAPHROAIG」

ラフロイグ10年（43度）

ラフロイグ10年カスク・ストレングス（57.3度）
樽出し原酒のため、同じ10年でもより力強さがある。

ラフロイグ15年（43度）

ラフロイグ30年（43度）
シェリー樽で熟成させることによるまろやかな甘さと、ピートの強さが絶妙にからみあう。

ラフロイグ10年

アイラ・モルトを制覇する

アイラの全貌がみえてくる

アイラ島には下の８つの蒸留所しかない。同じアイラ・モルトでも、「こちらのほうが潮っぽい」「ピーティーだ」「甘い」など比較しやすい。いろいろ飲み比べてみるといい。

ブルイックラディ

アイラの特徴をきちんと踏まえつつ、比較的軽く、口あたりのやわらかなタイプ。食前酒としても味わえる。

ボウモア

P48参照

ポート・エレン

辛口で、独特の味わいがある。
蒸留所自体は閉鎖されたため、味わえるのはいまあるストックのみ。

ブナハーブン

ピートをほとんど焚かないため、アイラ・モルトでもっとも軽い。とくにアメリカで人気が高い、アイラ入門編のひとつ。

カリラ

ピートとヨード香がひじょうに強い、超個性派。アイラ・モルトを愛好し、よりパワフルな味を求める人におすすめ。

アードベッグ

P46参照

ラフロイグ

ラガヴーリン

P50参照

スプリングバンク

部屋いっぱいに甘い香りが満ちる

スプリングバンクの香りは、甘くかぐわしい。栓を抜いてグラスに注ぐと、その甘い香りが部屋いっぱいに満ちていく。そして舌にのせると、とろりとしてシルクのようになめらかに広がっていく。ロマンチックなムードがあふれ、女性にもぴったりだ。

蒸留所は、スコットランドの西側に突き出たキンタイア半島の先端の町キャンベルタウンにある。かつては30ほどの蒸留所がひしめいた地だが、閉鎖が相次ぎ、現在ではたったふたつ残るだけだ。

衰退の原因は、なんと20世紀初頭の、アメリカの禁酒法にあったという。禁止されれば飲みたくなるのが人の常。キャンベルタウンは場所柄、アメリカに輸出しやすいため、目先の儲けだけを求めて、粗悪な品を大量に送り込んだ。その結果、キャンベルタウン・モルトの評判ががた落ちになり、どんどん閉鎖に追い込まれたというのだ。

そのなかでスプリングバンクが生き残ってきたのは、苦しい経営のなかでも、こだわりをけっして捨てなかったからだ。いまだに麦芽づくりから瓶詰めまで、一貫して行なっているのがその証拠だろう。

同じ蒸留所でも対照的なふたつだね

通好みは「ロングロウ」も飲んでみよう

スプリングバンクでは物足りないという、ハード好みの殿方たちにもご満足いただけるのが、同蒸留所の別のブランド、「ロングロウ」。

ピートだけを使って麦芽を乾燥させてつくられるので、ひじょうに複雑でヘビーな風味。飲んだあと舌に塩辛さが残り、スモーキーなところが、通好みを魅了する。

デートに、女性はスプリングバンク、男性はロングロウという組み合わせで杯をあわせるのも、おしゃれ。

今夜の一杯はコレ!
SPRINGBANK
Scotch Whisky
Campbeltown
SINGLE MALT
Aged 10 Years
PRODUCT OF SCOTLAND

「SPRINGBANK」

スプリングバンク10年（46度）
バーボン樽で熟成したモルトの比率が高い。

スプリングバンク15年（46度）
シェリー樽で熟成したモルトの比率が高い。

スプリングバンク10年

私は本当はストレートは苦手なんです
それなのにこのおサケはスーとノドに入っていくんです

甘い香りで飲みやすい女のお酒といえますね
そのとおりですね
じゃあもう一杯!

オーヘントッシャン

3回蒸留がやわらかく、軽い舌ざわりをつくる

スコットランド南部のローランドは、気候が温暖なこともあるのか、ライトタイプのモルト・ウイスキーが多い。

ローランドの代表モルトであるオーヘントッシャンも、万人に好まれるような、やわらかい味わいが特徴だ。ワイン感覚で食前や食中に飲んでも、料理とウイスキー両方の味を同時に楽しめる。

ローランド・モルトの伝統は、3回蒸留すること。当然のことながら、蒸留すればするだけ余分なものが少なくなり、純粋アルコールに近くなる。このモルト・ウイスキーが軽いタッチなのは、蒸留の繰り返しにより、アルコール以外の成分が少なくなっているためといわれる。

ローランドの伝統とはいえ、現在も3回の蒸留を行なっているのは、ここだけだ。つまりスコッチで3回蒸留しているのは、オーヘントッシャンのみということになる。それだけに、ローランドの伝統をいまに味わえる、貴重なモルトなのだ。

なお創業者は、アイルランド人との説もあるが不明。現在は、日本のサントリーが所有している。

今夜の一杯はコレ!

「AUCHENTOSHAN」

オーヘントッシャン10年（40度）

オーヘントッシャン・スリーウッド（43度）

バーボン樽→　オロロソ・シェリー樽→　ペドロ・ヒメネス・シェリー樽と3種類の樽熟成を経た変わり種。

オーヘントッシャン21年（43度）

淡く、やさしい風味はローランド・モルトの典型といえる。

オーヘントッシャン10年

ローランドを知るもう一杯
GLENKINCHIE
10

「GLENKINCHIE」

グレンキンチー10年（43度）

線の細いドライな味わい

ライトタイプの多いローランドの特徴をもち、ドライな飲み口。スパイシーな香りもある。ＵＤＶ社のクラシック・モルト・シリーズの一本に入っている、ローランドを代表するモルトだ。この蒸留所では、大麦を自家栽培して麦芽をつくり、それのしぼりかすなどを家畜飼料として再利用というユニークな経営をしている。

ウイスキーづくりで出たしぼりかすを使った飼料で育った肉牛は高品質で評判なんだ

「LITTLEMILL」

リトルミル（40度）

くせのある香りがうり

くせのある香りと麦芽の甘い味わいで、ローランドらしからぬ個性を主張している。特殊な形の蒸留器がこの個性の一因といわれる。

蒸留所は1772年創業。スコットランド最古の蒸留所といわれている。ハイランドとの境近くに建っており、仕込み水はハイランド産だ。

ハイランド・パーク

あらゆる要素が詰まったマルチな味

スコットランドの周囲に点々と浮かぶ島々でつくられているのが、アイランズ・モルト。かつてバイキングが支配していたという島で生まれるハイランド・パークは、厳しい自然に磨き抜かれた風味をもつ。

ウイスキー評論家マイケル・ジャクソンは、「全モルト・ウイスキー中、もっともオールラウンダーで秀逸な食後酒」と絶賛する。というのも、古典的なモルト・ウイスキーのもつあらゆる要素が、ハイランド・パークに詰まっているからだ。たとえば、麦芽の風味、ヘザー（ヒース）の甘い香り、スモークの香り、まろやかさ、豊かなフレーバー……。これらが凝縮した、じつにマルチな味なのだ。

麦芽をコンクリートの床に広げて発芽を促す工程を、フロアモルティング（48ページ参照）という。そのときに使う蒸留所独自のピートが、ハイランド・パーク独特の個性をつくりあげているといわれる。

ハイランド・パーク蒸留所は、70あまりの島々からなるオークニー諸島の中心、メインランド島にある。北緯59度という位置は、蒸留所としては世界最北になる。

今夜の一杯はコレ！

「HIGHLAND PARK」

ハイランド・パーク12年（43度）
このブランドのスタンダード品。食後酒として人気がある。

ハイランド・パーク18年（43度）

ハイランド・パーク25年（53.5度）
樽出し原酒のため、アルコール度が高く、濃密な芳香が漂う。チョコレートクリームのような甘く濃厚な風味がある。

ハイランド・パーク12年

「SCAPA」

スキャパ(40度)

まったり甘い香りが漂う

甘く濃厚な香りをもつ個性の強いモルト。水で割るとフルーティーな甘さがあらわれてくる。バランタインの原酒のひとつで、かつてはすべてブレンド用だった。近年になって、蒸留所から出されるオフィシャル・ボトル（P62参照）のシングル・モルトが出回るようになった。

ゴードン＆マクファイル社をはじめとするさまざまな瓶詰め業者のものも出回っている。

蒸留所はハイランド・パークから2キロほど離れた地に建つ。

タリスカー

ハードボイルドが似合う男の酒

深い感銘、深い悲しみ、深い感動など、心が大きく揺れた夜、それを人に見せることなく、ひとり静かに酒を含む……。そんなハードボイルドタッチなひとときに、味わいたいのが、このモルト・ウイスキーだ。

一口飲むと、まるで火がついたように熱いものが口いっぱいに広がる。その味は、こしょうの味とも塩の味ともいわれ、ブレンダーたちはこれを「舌の上で爆発するような」と表現するそうだ。しかしのどに流し込むと、ほのかな甘みがあり、モルトの香りもほどよく漂う。

ストレートで飲むのがいちばんだが、マイルドタイプのブレンデッド・ウイスキーに、タリスカーを数滴たらして、パワーアップさせるのも、この酒の楽しみ方のひとつだ。

このハードでパワフルな風味の個性派モルト・ウイスキーは、ヘブリディーズ諸島最大のスカイ島で生まれる。スカイといっても〝空〟のSKYではなく、SKYEとつづる。〝鳥の翼の形をした島〟という意味だという。朝霧が立ち上ることが多いので、ミスティ・アイランドともよばれる。この島の唯一の蒸留所が、タリスカーなのである。

今夜の一杯はコレ!
TALISKER

「TALISKER」

タリスカー10年（45.8度）

P27で紹介しているUDV社のクラシック・モルト・シリーズのひとつ。

思い出をふりかえりながら飲むのもいい

アラン・モルト

「ARRAN」

アラン・モルト(43度)
アラン・モルト・シングル・カスク(57.6度)
アラン・スコティッシュ・ペインターズ・コレクション(43度)

スコットランドでもっとも新しい、甘口モルト

約160年ぶりに復活したアラン島のモルト・ウイスキー。1995年に創業したばかり。フルーティで華やかな香りが漂う、まろやかな味わいだ。

アラン・モルトはその名の通りキンタイア半島のとなりにあるアラン島でつくられます

「ISLE OF JURA」

アイル・オブ・ジュラ10年(40度)

輝かしい金色でライトな味わい

アイラ島の北東にあるジュラ島のモルト・ウイスキー。ハイランド・モルトに近い華やかさがあり、多少甘口で飲みやすい。女性にもおすすめ。

オフィシャルとボトラーズ

同じ名前でもひと味違う

バーやリカーショップで、同じシングル・モルト名なのに、ラベルが違うボトルをみたことがないだろうか。

じつはシングル・モルトには、オフィシャル・ボトルとボトラーズ・ブランドというふたつがある。オフィシャル・ボトルは、蒸留所がもつ瓶詰め施設、あるいは親会社の瓶詰め施設でボトリングされたもの（実際には、瓶詰め設備をもつ蒸留所はごくわずかなので、親会社の設備を使うことがほとんどだが）。

一方、ボトラーズ・ブランドは、瓶詰め・販売を行なう業者が、蒸留所から樽ごとモルト・ウイスキーを買い付け、商品企画に基づいて瓶詰めし、自社ブランド名で世に出しているもの。なかには、たんに買い付けるだけでなく、蒸留や熟成の期間、アルコール度数などをきめて、蒸留所に依頼してつくってもらうこともある。

そのようなわけで、オフィシャル・ボトルにはない、蒸留年、熟成年数のもの、あるいはオフィシャルとはひと味違ったものが存在して、いろいろなタイプのシングル・モルトを楽しむことができるのだ。

ダブルで一杯分程度入っているよ

ミニチュアボトルで味見ができる

いろいろ試したいけれど、ボトルをたくさん買うのでは散財……。という人は、そのまま縮尺したパッケージに同じ中身が入っているミニチュアボトルで試してみる方法がある。

中身を楽しむだけでなく、コレクションとしても楽しい。本場のスコットランドにいくと、その土地だけの珍しいミニチュアボトルもあり、その種類は何千とも何万ともいわれている。

イギリスなどウイスキー産地にいったら、あちこち探してみるといい。ただしコレクションするなら、中身は飲まないように……。

ボトラーズその1 ゴードン&マクファイル社

GORDON&MACPHAIL

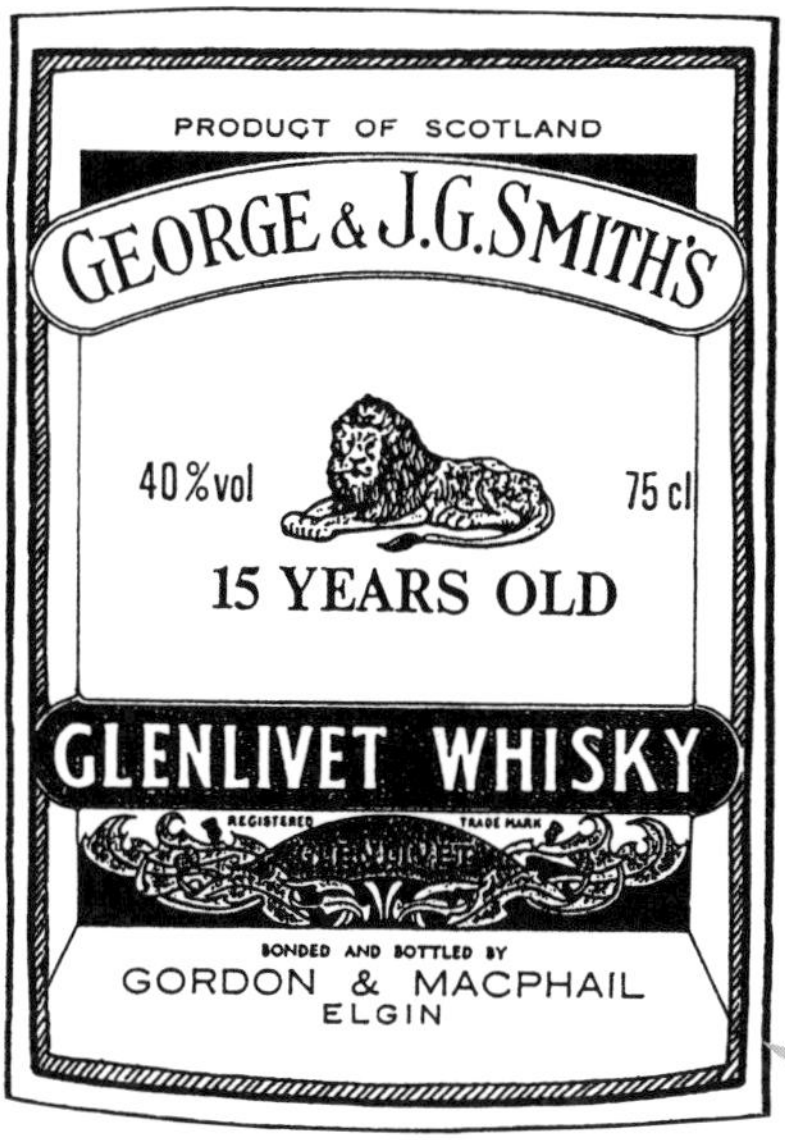

1895年、高級食料品店から転身して、スコットランド初の瓶詰め業者になった老舗。

同社では、蒸留したての原酒を買い付け、同社独自のシェリー樽に詰めて熟成させている。原酒樽の総保有数は、1万7000樽におよぶというから、在庫量の豊富さはピカいち。

「グレンリヴェット1967」「グレン・グラント1936」「ストラスアイラ35年」など、モルトファン垂涎のボトルが並んでいる。

ゴードン&マクファイル社から発売のグレンリヴェット15年

ボトラーズ その2 ケイデンヘッド社

CADENHEAD

ゴードン＆マクファイル社と並ぶ、ボトラーズ業界の雄。本拠地はキャンベルタウン。

同社では、原酒に水を加えるなどの加工を一切せず、樽のなかのアルコール度数のまま瓶詰めする「カスク・ストレングス」が中心。当然アルコール度数の高いものが多いので、より強い個性を求める人には、楽しみなものばかりだ。

おすすめは、「グレンリヴェット1988」「マッカラン1969」「ブラドノック16年」など。

ケイデンヘッド社から発売のカリラ1989年

ラベルをみればわかる

ボトラーズその5

ウィルソン＆モルガン社

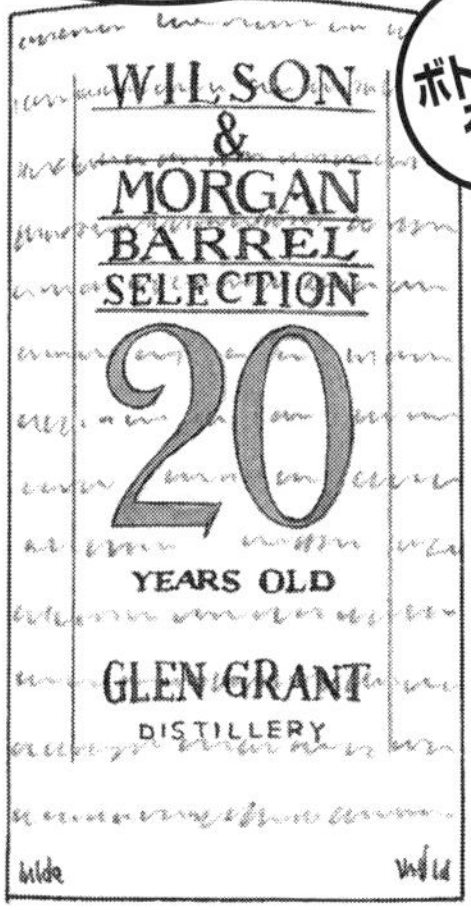

グレン・グラント20年

一目でわかる熟成年数

1992年にエジンバラで創業。さまざまな熟成年数のボトルをそろえる業界の新星として注目される。

ボトラーズその3

シグナトリー社

ボウモア1974年

デザインされたSマークが目印

1988年創業の比較的新しい会社。多彩なコレクションと一貫した製造技術で定評がある。

ボトラーズその6

キングスバリー社

スキャパ16年

テイスティングノートつき

赤字の社名と紋章が目立つ。ウイスキー鑑定家のテイスティングノートが記されている。

ボトラーズその4

ムーン・インポート社

スキャパ11年

芸術的なラベル

品質はむろん、コンピュータ・グラフィックを駆使した奇抜で美しいラベルがコレクターに評判。

ウイスキーコラム

蒸留所で働いていた猫たち

現在は、専門業者に麦芽づくりを委託している蒸留所が多いが、かつてはそれぞれの蒸留所で、麦芽づくりが行なわれていた。蒸留所には原料の大麦が大量に保管されていた。

当時の蒸留所の天敵といえば、原料の大麦を狙うねずみ。蒸留所ではねずみ退治のために、猫を飼っているところが多かった。別名ウイスキー・キャット（ディスティラリー・キャット）だ。

なかでもグレンタレット蒸留所にいた、タウザーというウイスキー・キャットは有名。なんと2万8899匹ものねずみをおよそ24年の間に捕まえたのだ。ギネスブックにも公認されている。蒸留所にはタウザーの銅像がたち、蒸留所グッズのモチーフにも使われている。

ウイスキー・キャットは、今では、わずかにボウモア蒸留所やハイランド・パーク蒸留所などで飼われているだけだ。

＊タウザーの絵は、C・W・ニコル氏著「ザ・ウイスキーキャット」（講談社文庫）所載の写真（森山徹氏撮影）を参考にさせて頂きました。又、タウザーに関するデータは、㈱三美に提供頂きました。併せて御礼申しあげます。（古谷三敏・編集部）（「BARレモン・ハート」10巻204ページより）

第2章

スコッチ・ブレンデッド・ウイスキー、アイリッシュ・ウイスキー

―バランスのとれた味に根強い人気が―

ブレンデッドは芸術作品だ

香りを紡いでシンフォニーをかなでる

自宅でひとり杯を傾けるのもいいが、通い慣れたバーで、マスターをはさんで常連客がひとつの話題で盛り上がるのも、極上の時間だ。それぞれが自分を主張しつつも、お互いに刺激されながら人間同士のふれあいの輪がふくらんでいく。

いってみれば、ブレンデッド・ウイスキーはこのようなもの。麦芽を原料とするモルト・ウイスキーと、そのほかの穀物を原料とするグレーン・ウイスキーが、数十種類混ざりあうことで、じつに豊かな味にふくらんでいく。それぞれの香りが織りなすシンフォニーであるブレンデッドは、シングル・モルトに負けず劣らず、魅惑的なウイスキーなのだ。

ウイスキー初心者なら、まずは飲みやすいブレンデッドからはじめるといい。

いうまでもなく、それぞれの銘柄の味をきめるのは、どのモルトやグレーンを、どの程度の割合でブレンドするか、ブレンドの専門家・ブレンダーたち。実際に原酒を味見するのではなく、香りをかぐだけでブレンドするというから、すごい。

4つのブレンデッド・ウイスキー

ブランドによって差はあるが、ブレンデッドはモルト・ウイスキーの割合と熟成年数で4タイプに分けられる。

デラックス

グレーンに対して、モルト・ウイスキーの割合が50%以上。多くはブレンド後に15年以上熟成している。

プレミアム

モルトの割合が40%～50%。ブレンド後に12年以上熟成している。

セミ・プレミアム

10～12年もののモルトの割合が40%前後。

スタンダード

5～10年もののモルトの割合が30～40%。

香りだけでブレンドする

個性を生かしてひとつにする

ブレンダーは、やさしいもの、強烈なものなどさまざまな原酒の個性を把握し、それを生かすように数十種の原酒を調和させ、重厚感のある味わいをつくりだす。

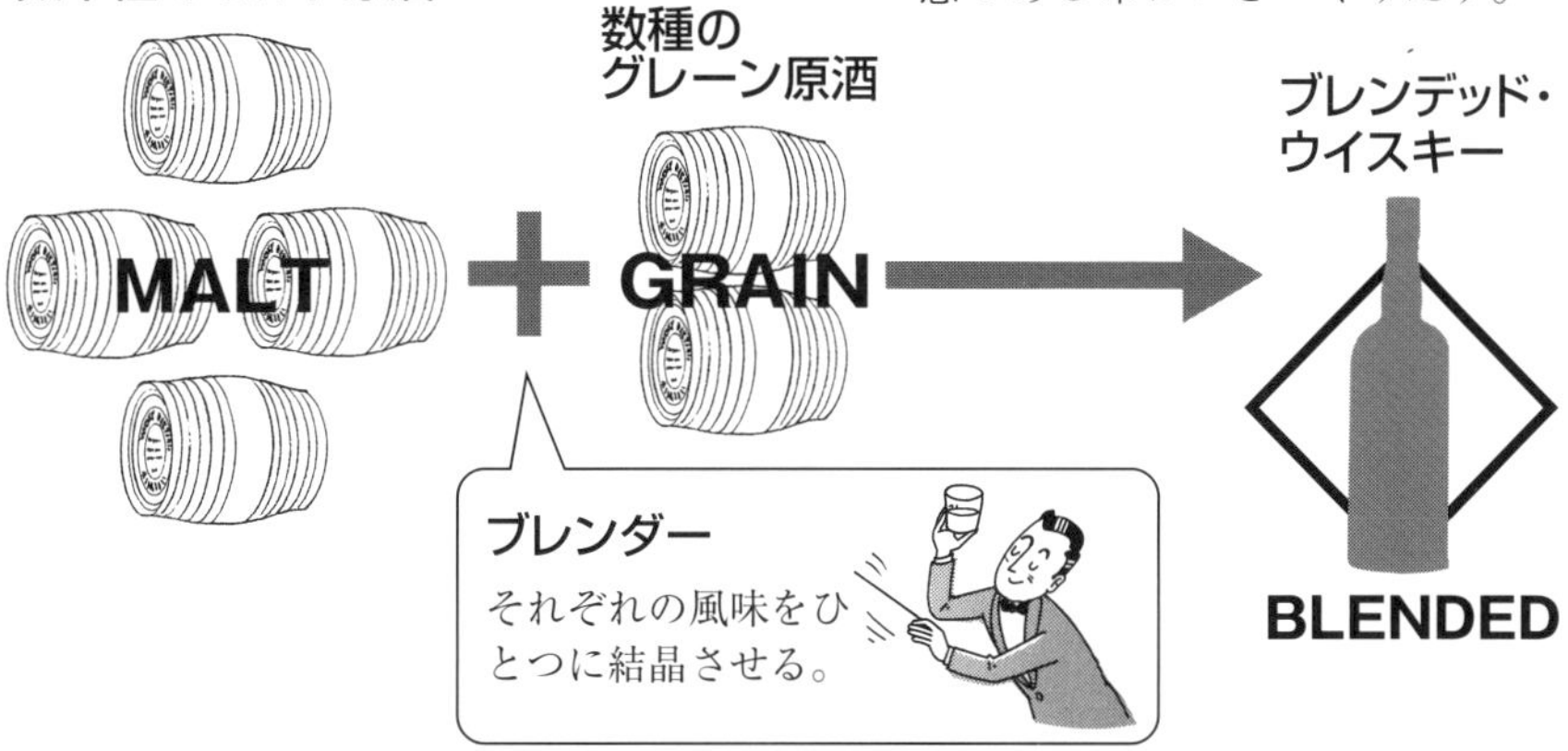
数十種のモルト原酒
MALT
数種のグレーン原酒
GRAIN
ブレンデッド・ウイスキー
BLENDED
ブレンダー
それぞれの風味をひとつに結晶させる。

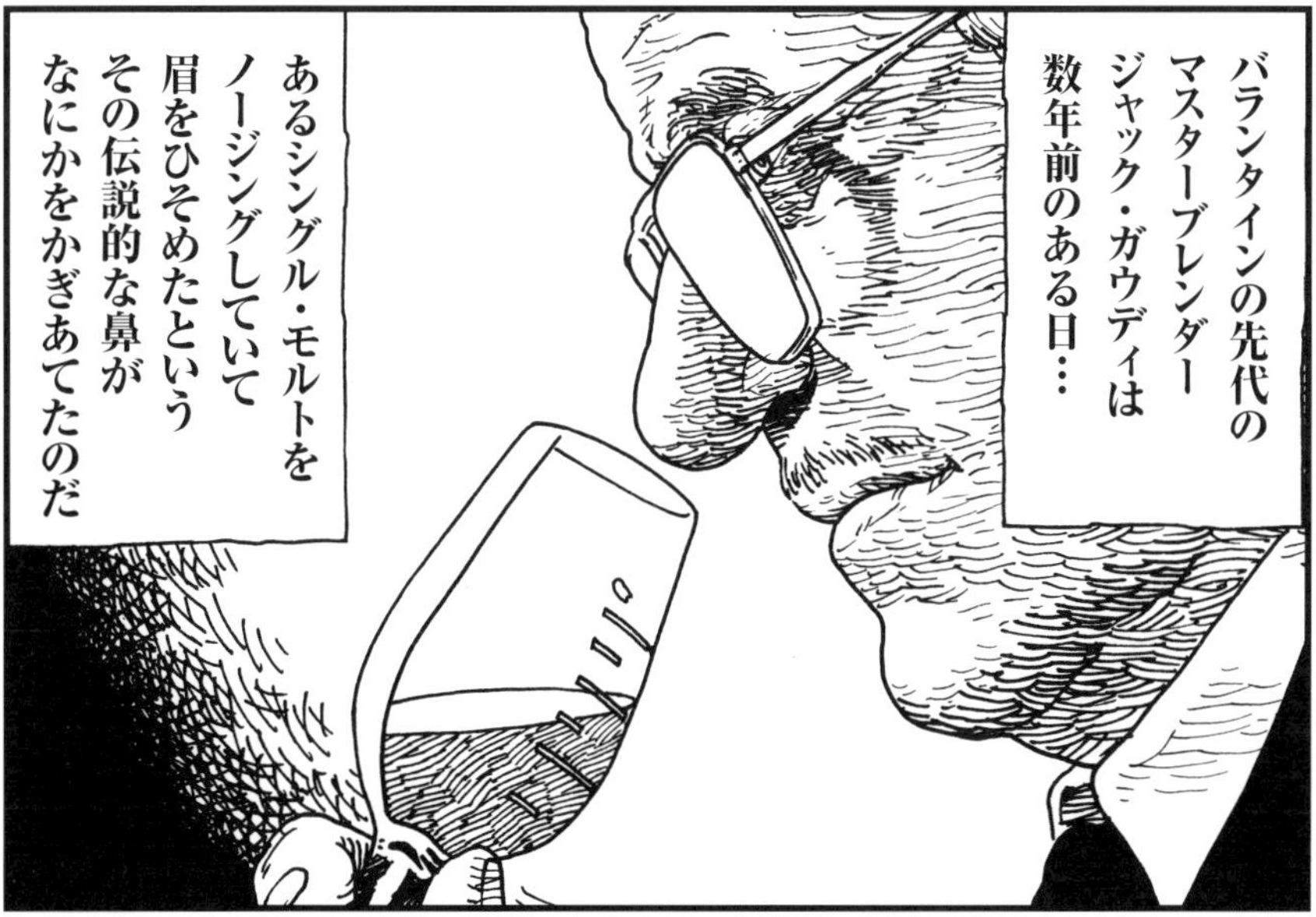
バランタインの先代のマスターブレンダージャック・ガウディは数年前のある日…
あるシングル・モルトをノージングしていて眉をひそめたというその伝説的な鼻がなにかをかぎあてたのだ

バランタイン

数十種の原酒から芳醇な一杯を紡ぎ出す

まだ輸入ウイスキーが高かった時代、バランタインといえば超高級品として、ウイスキー好きの垂涎の的だった。現在でもその名声はゆるがず、人気の高い1本である。ヨーロッパで飲まれるウイスキーの3本に1本はバランタインともいう。その人気ぶりは世界的なものだ。

バランタインにもいくつか種類はあるが、共通していえるのが、「スイート」「フルーティー」「ラウンド（まろやか）」「ソフト」という4つの特徴。

この芳醇な風味を織り上げている原酒は、もっとも一般的な銘柄「ファイネスト」でいうと、なんと57種類のモルトと4種類のグレーン。よくぞこれだけの種類を、バランスよく組み合わせたものだと驚愕する。原酒のなかでも、口あたりのやわらかさをきめているのは、ダンバートン・メイズというグレーン・ウイスキーだ。

「ロイヤル・ブルー12年」は、先代のマスターブレンダー、ジャック・ガウディ氏と現マスターブレンダー、ロバート・ヒックス氏がつくりあげた。日本だけの限定販売というのがちょっとうれしい。

この隊の名はスコッチ・ウォッチだよ

ガチョウ隊が熟成庫を守る

「ギャーギャー、グワッグワッ」と鳴きながら、広大なバランタインの熟成庫を警護しているのが、バランタイン名物のガチョウたち。

ガチョウによる警護は、1959年に集中熟成庫を建てたときに、当時のトム・スコット社長が思いついたアイディア。

それ以来、つねに何十羽ものガチョウたちが、大切な熟成樽を泥棒から守ってきている。

いまやバランタインの顔ともいえるガチョウたちだけに、飼育係による丁重な世話を受けて、きょうも一生懸命に働いて（？）いる。

バランタイン・ロイヤル・ブルー12年

「BALLANTINE'S」

バランタイン・ファイネスト（40度、43度）

バランタイン・ゴールドシール12年（40度）

バランタイン12年（40度）
水割りにあうようにつくられている。

バランタイン・ロイヤル・ブルー12年（43度）

バランタイン17年（43度）

バランタイン30年（43度）
ブレンデッド・ウイスキーの最高峰。

使われている主なモルト
アードベッグ（P46参照）
ラフロイグ（P52参照）
ミルトンダフ
スマートで上品な軽いモルト
グレンバーギ
ふくらみのある甘みが特徴

ブレンドされる主要なモルト・ウイスキーはキーモルトともいわれ、ウイスキーの味わいを形づくる重要なもの。

好きなブレンデッドに使われている主なモルト（キーモルト）を飲んだり、そのシングル・モルトを使っている別のブレンデッドを飲んだりしてみよう。

たとえば、バランタインのコクやかすかなスモーキーさをつくるモルトのひとつはアードベッグ。バランタインと飲み比べるのもおもしろい。

シーバス リーガル

19世紀から脈々と続く〝王家の酒〟

ベルベットのような口あたり、いつまでも口中に漂う芳香……。コクがありながら軽やかなシーバスの味わいは、男性だけでなく女性にも根強い人気がある。吉田茂元首相が、イギリス留学時代から亡くなるまで愛飲していたという、スコッチの名品中の名品だ。

味の決め手となっている原酒は、スペイサイド・モルトのストラスアイラ。これなくしてはシーバスはつくれないというわけで、原酒の安定確保のため、蒸留所を買収してしまった。

シーバス社は、1870年代に最初につくった自社ブランド「グレンディー」が大当たり。さらにそれを発展させたのがシーバス リーガルだ。リーガルとは、「王家の」とか「堂々たる」といった意味で、この命名には同社の自信と誇りがあらわれている

その自信のもと、20世紀初頭にはアメリカとカナダでも販売をはじめ、いち早くその名声をアメリカ大陸にとどろかせた。

「シーバスを超えるのはシーバスだけ」という宣伝文句を覚えている人も多いだろう。同社の自信と誇りは、いまも脈々と息づいている。

今夜の一杯はコレ!

「CHIVAS REGAL」

シーバス リーガル12年
（40度）

シーバス リーガル18年
（40度）

使われている主なモルト
ストラスアイラ（P36参照）
ザ・グレンリヴェット（P32参照）
グレン・キース

熟れたりんごの香りとすっきりしたあと口がある

シーバス リーガル12年

シーバス12年はスコッチのプリンスだよね
プレミアム・スコッチとして売り上げは世界一だってよ
人々をとりこにするシーバスはまさに生命の水といえます
うまいよね

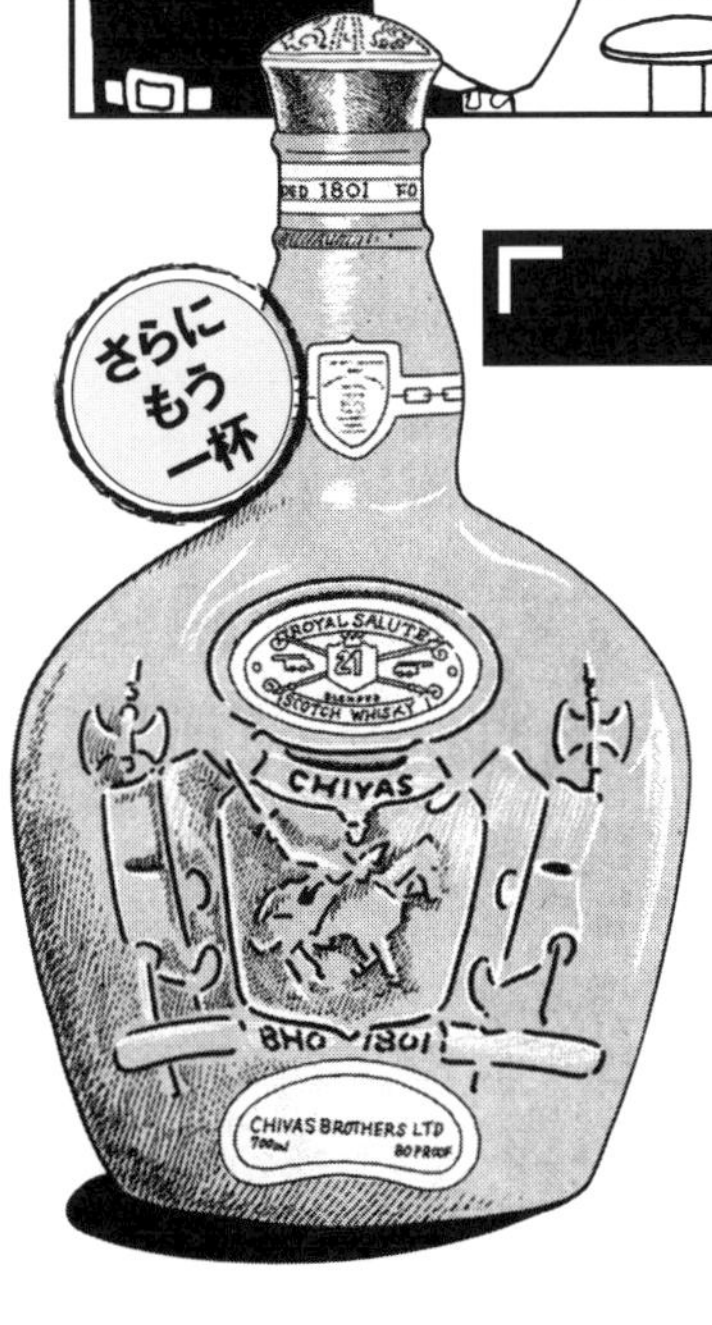
さらにもう一杯
ROYAL SALUTE
SCOTCH WHISKY
CHIVAS
CHIVAS BROTHERS LTD

「ROYAL SALUTE」

ローヤル・サルート21年（40度）

なめらかさの本質を味わえる

バランタイン30年と肩を並べる超高級スコッチのひとつ。

現エリザベス2世の戴冠《たいかん》を記念してつくられた。そのときの王礼砲（特別行事に海軍が鳴らす空砲でローヤル・サルートという）21発にちなんで、21年熟成した原酒をブレンドしたもの。

緑と青と赤の3種類の陶製ボトルがある。

カティサーク

帆船のウイスキー。麦芽の香味に懐かしさがある

ほのかにオレンジの香りが漂う、さわやかな風味は、帆船のさっそうとしたイメージとぴったりマッチする。

その帆船の名前カティサークというブランド名をつけたのも、ラベルの帆船の絵と、「CUTTY SARK」「SCOTS WHISKY」という文字を手書きしたのも、ジェームズ・マクベイという画家である。ラベルの文字が手書きというのは、あまり例をみない。

カティサークは、ワイン商の通称ベリーズ社が、20世紀になってからはじめてつくった自社ブランドだ。ブランド名をきめる昼食会に招待されていたのがマクベイ。彼はその場で、中国から紅茶を運ぶ高速帆船として大活躍した有名帆船「カティサーク」を思いついた。

カティサークは、当時はもう役目を終えていたが、ポルトガルに売却されていた同帆船がイギリスに買い戻され、それが大きな話題になっていた。会議に集まった人たちはみな「それだ！」と。

現在、世界百数十カ国で販売される大ブランドが、まさにこのとき誕生したわけだ。

今夜の一杯はコレ！

「CUTTY SARK」

カティサーク（40度、43度）　カティサーク18年（43度）
カティサーク12年（40度）

使われている主なモルト

グレンロセス
　バランスのとれた味
ブナハーブン（P53参照）
タムドゥー
　麦芽の甘みがある

カティサーク12年

色の違いを楽しむ

Q.

マスター、ウイスキーは琥《こ》珀《はく》色っていうけれど、ちょっとずつ色が違うよね？

A.　光に透かしてみるとよくわかる

一杯だけだと気づきにくいけれど、ウイスキーの色はそれぞれ違う。色のほかに、透明感や光沢の加減もチェックしてみるといい。

ちなみに、色が薄い（濃い）から味が薄い（濃い）というようなことはない。味を楽しみながらみるようにしたい。

（スコッチでは、味に影響しないカラメルで色を調整することがある）

グラスを光にかざしてみると
そのモルトは明るい黄金色のなかに緑に近い色をおびていた

色

一言で琥珀色といっても赤系や黄色系などいろいろある。バックに白いハンカチなどを置くとわかりやすい。

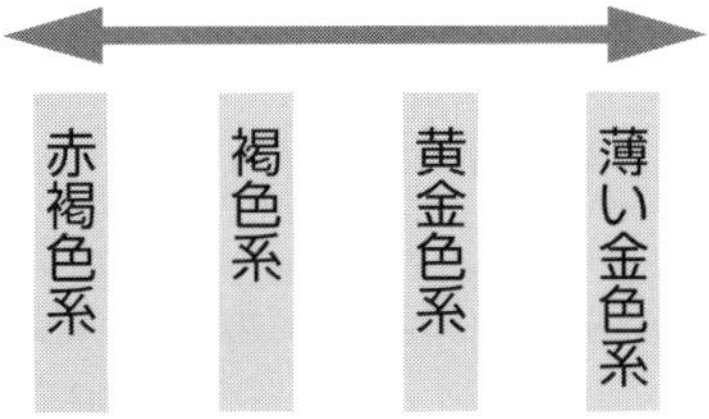
赤褐色系
褐色系
黄金色系
薄い金色系

透明感

光に透かしてみると、透きとおった琥珀色の美しさがよくわかる。光のとおし具合の違いを比べてみたい。

光沢

つやつやとしたなめらかな印象がある。絹のような、漆器のような光沢を楽しみたい。

ザ・フェイマス・グラウス

スコットランドの国鳥がはばたく

日本では超有名ブランドとまではいえないが、バランスのとれたコクが身上のこのスコッチは、地元スコットランドでは人気ナンバーワン、世界市場でも10位以内に入る。

創業者は、食料雑貨店の3代目だったマシュー・グローグ。19世紀終わりから、ウイスキーの開発に着手し、ようやくつくりあげたウイスキーに、彼は「ザ・グラウス・ブランド」と名づけた。グラウスとは、スコットランドの国鳥である雷鳥のこと。当時は上流社会で雷鳥狩りが流行していたこともあって、このウイスキーは大評判をよんだ。

人々がウイスキーの名前ではなく、〝あの有名な（フェイマス）雷鳥をくれ〟と注文するようになったのをみたマシューは、「ザ・フェイマス・グラウス」にブランド名を変えてしまったのだそうだ。

そのグラウスをさらに有名にしたのが、「夜をともにする恋人のようにメローな味わい……一杯のグラウスのほかはなにも欲しくない」という広告コピー。世界にはばたく雷鳥の味を、ぜひ味わってみたくなる、なんともすてきな文句だ。

古今東西
考えること
は同じだな

二日酔いには“ヘアー・オブ・ザ・ドッグ”？

イギリスの民間療法に「狂犬にかまれたら、その犬の毛を傷口にすりこむと治る」というものがあり、これをヘアー・オブ・ザ・ドッグという。そこから転じて、二日酔いのときに飲む迎え酒を、ヘアー・オブ・ザ・ドッグとよぶようになった。

スコッチ・ウイスキーに生クリームとハチミツを入れた同名のカクテルがある。栄養価は高く、疲労回復には効果があるかもしれないが……。迎え酒は二日酔いの不快感を減少させるだけ。根本的な解消にはならない。

今夜の一杯はコレ!

「 THE FAMOUS GROUSE 」

ザ・フェイマス・グラウス・ファイネスト（40度）

同銘柄のスタンダード品。スコットランドで人気が高いブレンデッドの代表銘柄。

ザ・フェイマス・グラウス・ゴールド・リザーヴ12年（40度）

名前と同様、ラベルの地が金色。12年熟成された深いコクが楽しめる。

ザ・フェイマス・グラウス・ファイネスト

使われている主なモルト

グレンロセス
（P74参照）

タムドゥー
（P74参照）

ハイランド・パーク
（P58参照）

ブナハーブン
（P53参照）

グランツ

5世代にわたる家族の絆が守る味

スペイサイド・モルト中心の原酒が華やかな香りと、切れ味さわやかな奥深い風味を紡いでいるグランツは、日本にも根強いファンが多い。

グランツの三角ボトルをみると、1章で紹介したシングル・モルト、グレンフィディックを思い出すだろう。そう、同じボトルの形から想像できるように、どちらも同じ会社のウイスキーなのだ。もともとはモルトの蒸留所だったが、モルトの最大の顧客だったブレンド会社が倒産するという悲劇に遭遇して経営危機に陥った。それをどうにか乗り切り、今度はブレンデッドの製造にも乗り出したのだ。

現在ではイギリス国内で売り上げ上位に入るほど成長している。その起死回生の道のりには、創業から5代目の現在まで、大企業の傘下に入らず、ファミリーだけで守り抜いてきた歴史がある。

三角ボトルは、それぞれの面が、火（石炭の直火焚き）、水（良質の軟水）、土（大麦とピートという大地の恵み）をあらわしている。これは、ウイスキーはこの3つからつくられているとの、創業者ウイリアム・グラントの信念がもとになっているのだという。

「GRANT' S」

グランツ・ファミリー・リザーヴ(40度、43度)

なめらかな飲み心地のスタンダード品。20世紀初頭の頃とほとんど変わらないブレンドで今に至っている。
40度の700mlボトルと43度の750mlの2種類ある。

使われている主なモルト　グレンフィディック(P30参照)
ザ・バルヴェニー(P24参照)

三角ボトルに信念があらわれる

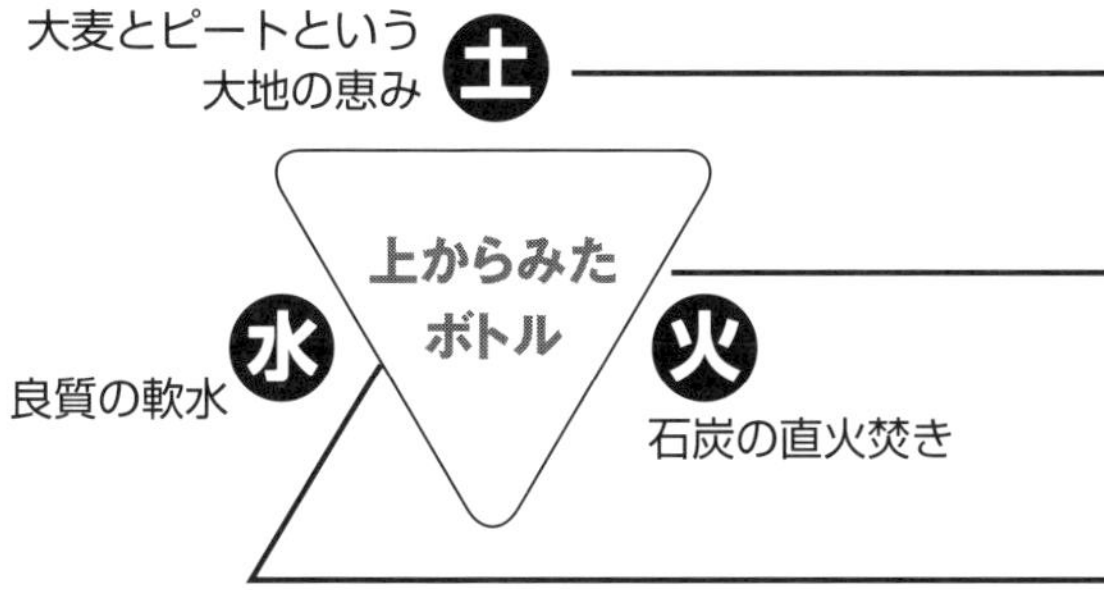

そのほかのウイリアム・グラント&サンズ社のウイスキー

クラン・マクレガー(40度)

伝統的な芳醇な味わい

グランツのセカンドブランドともいえる製品。やや甘みがある。アメリカでの人気が高く、売り上げも急成長している。

ゴードン・ハイランダーズ(40度)

連隊の公式ウイスキー

スコットランドの有名な連隊ゴードン・ハイランダーズとの関係がもとでつくられた。この連隊の公式ウイスキー。バランスのとれた風味。

J&B

気さくな味わいで世界第2位の売り上げ

口あたりがよく、爽快なピート香が心地よいこのウイスキーの持ち味は、スペイサイド・モルトを中心にブレンドされていることから生まれる。その飾らない深いコクから、現在スコッチ・ブレンデッドとして世界ナンバー2の売り上げを誇る一大ブランドになっている。

創業者は業界に珍しく、イタリア人だ。恋い焦がれたオペラ歌手を追ってロンドンにやってきた創業者ジャコモ・ジャステリーニは、この地でワイン商をはじめて大成功。1760年に国王ジョージ3世からワイン商として王室御用達の認定を得て以来、なんと国王、女王8代にわたって御用達認定を受けている。

J&Bのラベルには、その歴代の王の名前が列記されている。その文字に、異国で成功したイタリア青年の誇りが如実に伝わってくる。

自社ブランドをつくったのは1890年代だが、現在の「J&Bレア」が登場したのは、20世紀に入ってから。

アメリカに向けてのマーケティング戦略が功を奏し、当時から現在まで、アメリカではダントツの人気を誇っているのだ。

1本ですべての原酒が味わえる?

いまあるモルトやグレーンをすべてブレンドしたら、いったいどのような味になるのか……。それを知ることができるウイスキーがある。「J&Bアルティマ」だ。なんと、スコットランドに現存する94蒸留所、すでに閉鎖されたがストックのある34蒸留所、合計128蒸留所すべての原酒をブレンドしたもの。

残念ながらボトルで手に入れるのは、まず不可能だが、こだわりの強いバーなどで見かけることがあるかも。そのときはぜひ一杯味わってみてほしい。

今夜の一杯はコレ!
RARE
A BLEND OF THE PUREST
OLD SCOTCH WHISKIES
J&B

「J&B」

J&Bレア（40度）

緑のボトルに黄色いラベル、赤いキャップと「Ｊ＆Ｂ」のロゴが特徴。

使われている主なモルト

ノッカンドオ
スペイサイドのモルト（Ｐ38参照）

シングルトン
フルボディで豊満な味わいが長く続く

グレン・スペイ
草の香りがあり、軽い。ニッカウヰスキーの創業者が学んだ蒸留所でつくられている

ストラスミル
熟れた果実の香りがある

Ｊ＆Ｂに使われているモルト・ウイスキー、シングルトンのボトル。
これを ボトルキープ しておくから 時々ここへきて これを 飲みなさい
ありがとう ございます
THE SINGLETON

ジョニー・ウォーカー

いまも世界を闊歩するトップブランド

心地よいスモーキーな香りがフワリと口中に広がり、口あたりなめらか、何杯でも飲めてしまいそうなライトタイプ。そんなジョニー・ウォーカーは、「ジョニ赤」「ジョニ黒」の通称で、あまりにも名高い。有名なだけでなく、実際に長い間、世界売り上げナンバーワンを維持、いまも世界のウイスキー業界をリードし続けている。

現在の「ジョニ黒」「ジョニ赤」が誕生するのには、創業者のジョン・ウォーカーにはじまり、じつに3代かかっている。初代が考案したウイスキー「ウォーカーズ・オールド・ハイランド・ウイスキー」を、当時珍しい四角いボトル、斜めのラベルという画期的なアイディアで世に広めたのが2代目。そして3代目が、「ジョニー・ウォーカー赤ラベル」をつくり、同時に、ウォーカーズ・オールド・ハイランド・ウイスキーを進化させて「ジョニー・ウォーカー黒ラベル」と命名した。

このとき、シルクハット姿の英国紳士というトレードマークも登場。当代随一の漫画家トム・ブラウンの手によるもので、創業者のジョン・ウォーカーがモデルと思いきや、ブラウンのまったくの創作だそうだ。

飲んでみなよ
松ちゃんがジョニ黒を注文するとはうれしいね

ジョニー・ウォーカー赤ラベル

「JOHNNIE WALKER」

ジョニー・ウォーカー赤ラベル（40度）

ジョニー・ウォーカー黒ラベル12年（40度）
黒ラベルは12年以上熟成された原酒をブレンドしたデラックス品。

ジョニー・ウォーカー・ゴールド・ラベル18年（43度）

ジョニー・ウォーカー・ブルー・ラベル（43度）
長期熟成された古酒をブレンドした最高級品。

スウィング（43度）
どっしり安定感のあるボトル。

ジョニー・ウォーカー1820スペシャル・ブレンド（40度）

キャラクター
トレードマークの英国紳士「ストライディングマン」

使われている主なモルト
カードゥ
女性向きの軽さ、華やかさがあり、甘い。
タリスカー（P60参照）
ラガヴーリン（P50参照）

奇抜なアイディアが世界を席巻した

ジョニー・ウォーカーの特徴といえば、直方型の四角いボトル。いまでこそボトルの形はさまざまだが、当時は斬新な形だった。斜めに貼ったラベルも思い切ったデザイン。このおかげで、棚に並ぶボトル群のなかでも、ひときわ目を引く印象的な存在になった。

また、覚えやすい名称と、英国紳士の雛形のようなキャラクター、ストライディングマンが繰り出す多くの広告が名声を広めた。

ちなみにこのストライディングマン、じつは時代にあわせて、ファッションやスタイルが微妙にモデルチェンジされている。

オールド・パー

変わらない品質を約束する

オールド・パーのボトルを前にグラスを傾け、比較的ピート香が強く、コクのある深い味わいを楽しんでいると、なんとなく懐かしいムードに浸ってくる。ボトルの渋い色のせいもあるが、かつて日本ではオールド・パーが洋酒の代名詞のような時代があったからかもしれない。

実際、日本にはじめて入ったウイスキーが、オールド・パーだったといわれる。１８７１年（明治4年）に出発した岩倉具視《いわくらともみ》を特命全権大使とする欧米視察団が、2年後に帰国したときに、オールド・パーを数ケース持ち帰ったという。年代からいって、まだオールド・パーが誕生したばかりのころだ。そうした縁があるのか、オールド・パーの総売り上げの約65パーセントは、日本と東南アジアの国々で占めている。

オールド・パーとは、１５２歳まで生きたといわれる農夫トーマス・パーのこと。彼にあやかってオールド・パーを生み出したジェームズとサミュエル兄弟の会社、グリーンリース社の趣意書には、10人の王の時代を生き抜いたトーマスのように、「時代がどんなに変わろうとも変わらぬ品質を約束する」と書かれている。

あやかりたい！
僕も飲んで
みようかな

不老長寿と精力絶倫に効果あり？

明治初期から日本に入ってきていたウイスキーのためか、オールド・パーは上流階級の人や政治家などにファンが多い。吉田茂、田中角栄などの歴代首相が愛飲したことでも有名だ。

オールド・パー＝トーマス・パーは、長生きしただけでなく、80歳という晩婚で子どもをもうけ、妻と死別後、122歳で再婚してまた子どもをもうけるという、にわかには信じがたい絶倫ぶりでも有名。不老長寿と絶倫。大政治家がこの酒を好んだ裏には、パー爺さんにあやかりたいとの気持ちがあったからか？

オールド・パー12年

「OLD PARR」

オールド・パー12年（43度）

裏のラベルには、バロックを代表する画家ルーベンスの手によるパー翁の肖像画が印刷されている。

オールド・パー・スーペリア（43度）

使われている主なモルト

クラガンモア（P26参照）

グレンダラン

果実香が豊かで、くせがなく飲みやすい。

ロイヤル・ハウスホールド

日本を含む世界の3カ所でしか飲めない

ロイヤル・ハウスホールドとは、「英国王室」のこと。その名のとおり、格調高い、リッチで円熟した芳香のあるウイスキーである。「英国王室」などというおそれ多いブランド名になったのは、1897年、ブレンダーとして名が知れるようになっていたジェームズ・ブキャナン社が依頼を受けて、皇太子（のちのエドワード7世）専用のブレンデッド・ウイスキーをつくったから。以来、歴代の国王（女王）から御用達の認定状を授かった。ただ、名前自体は、20世紀初頭にヨーク公（のちのジョージ5世）が世界一周の船旅にもっていった唯一のウイスキーだったことから、ヨーク公自身が与えたもの。

そのような由緒正しいウイスキーだから、世界で3カ所でしか飲むことはできない。バッキンガム宮殿、スコットランドの西部海岸沖に浮かぶハリス島にあるローデル・ホテルのバー、そしてなんと日本である。ブキャナン社は日本の皇室とも交流があったため、日本での販売を特別に許可したのだ。

日本ではそれなりのバーならどこでも飲める。

松ちゃん　ほら
ロイヤル・ハウスホールドだ
リッチな香りでうまいんだぞ

今夜の一杯はコレ!

「ROYAL HOUSEHOLD」

ロイヤル・ハウスホールド(43度)

使われている主なモルト

ダルウィニー(P45参照)

グレントファース

軽く、蜜などの香が快い。飲んだ後口はドライ。

紋　章

エリザベス女王の大紋章

楯を中心に、楯を支えるライオン(イングランド王家の象徴)とユニコーン(スコットランド王家の象徴)のサポーターが左右に配置されている。さらに、兜《かぶと》飾り、ヘルメット、マント、ガーター、巻物などがあしらわれている。なお、現在のボトルには別のマークが入っている。

ザ・ロイヤル ハウスホールド

＊イラストはワラントを受けている時のボトル。この時は定冠詞「ザ」がついていた。

ロイヤル・ワラントとは王室のお墨付き

王室御用達の認定証のことを、ロイヤル・ワラントという。イギリス王室の人が日常使い続けるものに与えられる。審査に合格して、ワラントを授かると製品に紋章をつけることができる。

ウイスキーの場合には、ラベルに紋章が掲載されている。一度審査に合格してワラントを授かっても、永続的なものではない。ときどき見直される。紋章のあるなしを確認してみるといい。

ちなみに、銘柄に「ロイヤル」と名のつくブランドは多いが、かならずしも王室と関係があるわけではないから、お間違いなきよう。

ホワイトホース

くせのあるキーモルトを生かした味わい

個性の強いアイラ・モルトを中核にした、珍しいブレンデッド。アイラ独特のピート香やスモーキーさは残っているのに、口あたりがやわらかく、のどごしもなめらかだ。

その味わいの秘訣は、結婚相手として慎重に選ばれた、クレイゲラヒなどのスペイサイド・モルト。アイラ独特の風味に、スペイサイド・モルトの蜜のような風味が、絶妙のバランスで結びついて、バランスのよいウイスキーをつくりだしているのだ。

ブランド名の由来は、エジンバラにあった「ホワイトホース・セラー」という古い酒亭兼宿屋。スコットランド独立軍の常宿だったこともあり、自由と希望のシンボルになっていた。創業者のピーター・マッキーが、酒亭名と看板をそのまま拝借したのだという。

ところで、いまでこそウイスキーの栓はスクリュー式が当たり前だが、かつてはワインのようなコルク栓だった。スクリューキャップを発明したのはホワイトホース社。おかげで飲みかけのボトルの保存が楽になったせいか、この栓を導入してから、同社の売り上げが倍増したという。

ワインや日本酒より保管は楽だね

開栓後６ヵ月以内にご賞味あれ

ウイスキーは瓶詰めされたときから、基本的に劣化しない。ただし、キャップの具合などによっては劣化することもある。開栓していないのに量が減っているものは、アルコールや香りが飛んでいる可能性があるので注意したい。

直射日光のあたらない、温度変化の少ないところで、暑すぎず、寒すぎないようにして保管しよう。

開栓後は、２〜３ヵ月、もってもせいぜい半年以内に飲んでしまったほうがいい。

今夜の一杯はコレ!

「WHITE HORSE」

ホワイトホース・
ファイン・オールド

ホワイトホース・ファイン・オールド（40度）
古くから日本でも飲まれている。しなやかでパワーのあるスタンダード品。

ホワイトホース12年（40度）
日本市場用に生まれたプレミアム・スコッチ。熟成によってさらに深みのある味わいに仕上がっている。

使われている主なモルト

ラガヴーリン（P50参照）

クレイゲラヒ
個性的でフレッシュな味わいがある。

グレン・エルギン
穏やかですんなり飲める

ラベルの絵で覚える

覚えなくても絵でわかる

うまいウイスキーを飲んだとき、次に飲もうと思って名前を覚えようとしても、横文字はなかなか覚えにくい。酔っていたらなおさらだ。そんなときはラベルの特徴をチェック。絵を覚えておくといい。

ジョニー・ウォーカー
シルクハットをかぶった英国紳士。
なお、現在の図は左のものと少し変わっている

ブラック＆ホワイト
白と黒の犬が描かれている

ホワイトホース
その名のとおり白馬のマーク

カティサーク
ウイスキーと同名の帆船のイラスト

ホワイト&マッカイ

ダブル・マリッジがなめらかさと芯の強さをつくる

グラスを口に近づけると、麦わらのような自然の香りがかすかに漂う。その心地よい香りを味わいながら、口に含むと、今度はとろりとした甘さが口中を包む。

この軽やかでまろやかな味わいは、〝ダブル・マリッジ〟という、このブランド特有の製法（左ページ参照）から生まれる。2段階かけて原酒をなじませることで、モルトとグレーンが絶好の状態で混ざりあい、至高の愛を育むというわけ。

創業者ジェームズ・ホワイト、その友人のチャールズ・マッカイが編み出したこの手法は、いまもほとんど変わらずに継承されているという。

ホワイト&マッカイ社（現・JBBグレイターヨーロッパ社）にはさまざまな製品があるが、そのなかの「ゴールデン・ブレンド」は日本向けにつくられたもの。

精魂こめてこのウイスキーをつくりあげたマスターブレンダーのリチャード・パターソン氏によると、少量の水を加えて、38度くらいのアルコール度にして飲むのがベストだそうだ。

ホワイト&マッカイはダブル・マリッジ
二度の結婚でよりおいしくなるのです

なにそれなにそれマスター
ボクなんて一度もしてないのに！

ダブル・マリッジを検証する

2回に分けて熟成させる

マリッジ（結婚）とは原酒をブレンドして熟成させること。ダブル・マリッジは原酒を一度にブレンドせず、２度に分けてブレンドする。

はじめに数十種のモルト原酒をブレンドして約１年熟成（ファーストマリッジ）。それにグレーンをブレンドして再び熟成（セカンドマリッジ）。

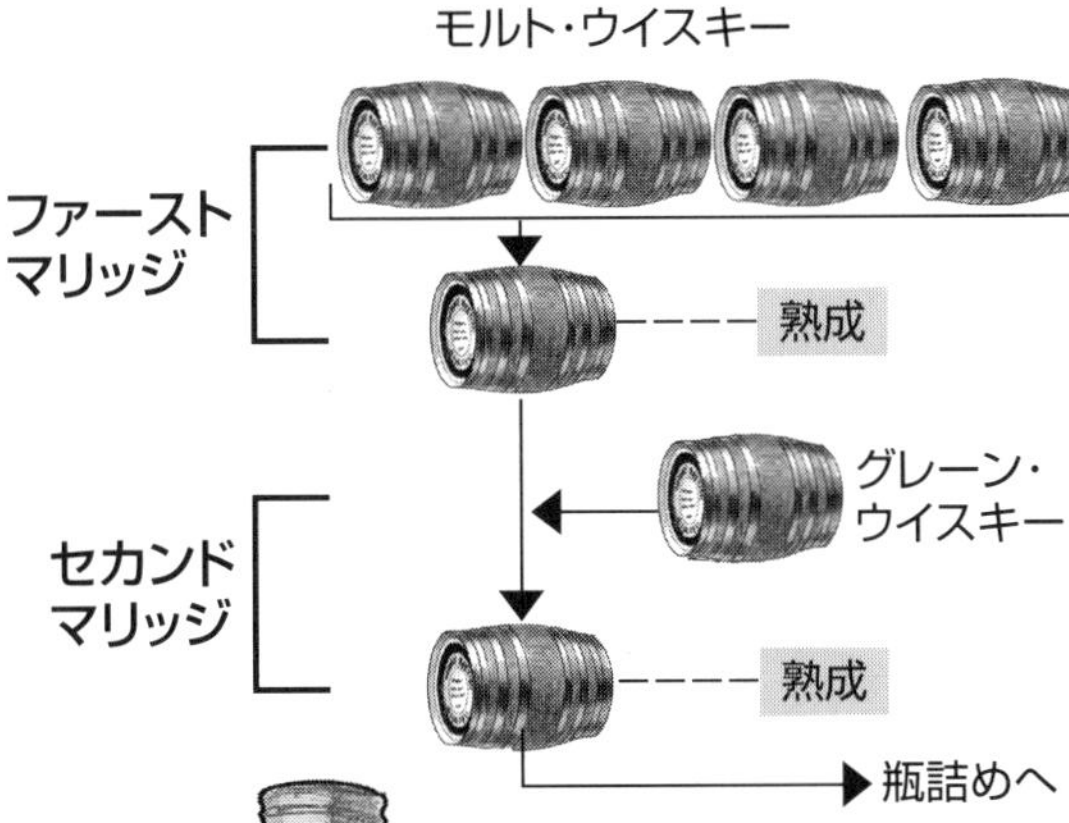

ホワイト&マッカイ・ブルー・ラベル

「WHYTE&MACKAY」

ホワイト&マッカイ・ブルー・ラベル（40度、43度）
マイルドでなめらかな味わいがある。

ホワイト&マッカイ・ゴールデン・ブレンド（40度）

ホワイト&マッカイ12年（40度）

ホワイト&マッカイ15年（43度）

ホワイト&マッカイ18年（43度）

ホワイト&マッカイ21年（43度）

ホワイト&マッカイ30年（43度）
同ブランドの最高級品

使われている主なモルト

ダルモア（P40参照）

フェッタ－ケアン
なめらかでナッツの香味がある

トミントゥール
軽く飲みやすい酒

ダンヒルのウイスキー

ダンディズムを極める

ブレンデッド・ウイスキーをつくっている企業に依頼して、自分の好みのウイスキーをつくってもらう。これをプライベート・ブランドという。味わい深いものがけっこうある。

たとえば、たばこやライターなど、高級男性用品で有名なダンヒルが、トータルコーディネートの一環として発売した「ダンヒル・オールド・マスター」。12～20年の長期熟成したモルト・ウイスキーをベースにしたもので、マイルドな舌ざわりのなかにも、ピート香やスモーキーさがしっかりと残る、男っぽい味わい。さすがダンヒル。たばこをくゆらせながら、グラスを傾け、ダンディズムを追求してみたい。

プリンス・ホテルがウイリアム・マクファーレン社と提携してつくったのは、「プリンス・スカッチ」。日本人向けに、ほのかな甘みが漂うまろやかな風味に仕上がっている。18年ものもあるので、ホテルのバーで飲み比べてみると楽しいかも。

ほかにもバーバリーなどさまざまなプライベート・ブランドがある。見つけたらぜひ一度試してみよう。

今夜の一杯はコレ!

「DUNHILL OLD MASTER」

ダンヒル・オールド・マスター（43度）

オリジナルブレンドをつくる

オンリー・ワンのウイスキーを飲む

家庭で何十種ものシングル・モルトをブレンドするのはまず不可能。だが、ブレンデッドとシングル・モルトを１本ずつ揃えるだけでオリジナルブレンドがつくれる。

ブレンデッドでつくったハイボールにモルトをプラス。名づけてスーパーハイボール。モルトの香りがふわっと立ち上る。好みのモルトで試してみて。

スーパーハイボール

1 ウイスキーを注ぐ
好きなブレンデッドで構わない。

2 ハイボールにする
ソーダ水を加えて、ハイボールをつくる。

3 モルトをトッピング
シングル・モルトを表面に伝い落とす（ブレンドに使われているモルトだとなおいい）。

本格的にブレンドするなら

蒸留所で	蒸留所でさまざまな原酒をテイスティングして、理想の仕上がりをイメージしながらブレンド体験する。国内のいくつかの蒸留所が主催している。
自分で	数種類のタイプの異なる原酒のセットが販売されている。自宅でゆっくりブレンドを楽しめる。東急ハンズなどで買える。

香り高いアイリッシュ

伝統的な製法で豊かな芳香を守る

ウイスキー発祥の地はどこかとたずねたら、多くの人がスコットランドと答えるかもしれない。しかし正解はアイルランドだ。この地では、12世紀にはすでに穀物から蒸留された酒が飲まれていたといわれ、それが移民と一緒にスコットランドに伝わっていったといわれる。

本家本元のアイルランドには、独立戦争などの影響もあり、現在はたった3カ所しか蒸留所がない。しかしそれぞれ伝統を守り、スコッチとはまた別の個性の、美味なウイスキーをつくり続けている。

アイリッシュ・ウイスキーの特徴は、蒸留を3回行なうこと。それによって平均85度という高いアルコール濃度になる。ストレート・アイリッシュ・ウイスキーという。このストレートをそのまま商品化することもあるが、多くはグレーン・ウイスキーをブレンドする。一般にアイリッシュ・ウイスキーという場合は、これをさす。

全般に、スコッチ・ウイスキーよりライトで、他国のウイスキーにない、独特の深みとかげがあるアイリッシュ。同朋であるギネスビールとともに、ウイスキーの故郷の味を堪能してみたいものだ。

3蒸留所が切磋琢磨しているよ

3つの蒸留所で多様なウイスキーができる

かつては数十カ所の蒸留所があったアイルランドだが、現在稼動中の蒸留所は、北にあるブッシュミルズ蒸留所、南部にあるミドルトン蒸留所、そしてクーリー蒸留所の3カ所だけだ。

3カ所とはいえ、伝統的なアイリッシュらしいウイスキーをつくる蒸留所、まったく斬新なものをつくる蒸留所と、それぞれに個性的。

近年グループ統合で閉鎖された蒸留所のブランドや、かつてアイリッシュの名門といわれた今はなき蒸留所のウイスキーを現代に復活させたものもつくっている。

アイリッシュ・ウイスキーのタイプを知る

アイリッシュ・ストレート・ウイスキー

原料 大麦麦芽、未発芽大麦、ライ麦、小麦など。

製造法 単式蒸留器（3回蒸留が主流）で蒸留し、3年以上熟成させる。

味わい 穀物の香り高く、なめらかな舌ざわり。

アイリッシュ・ストレート・ウイスキーは原酒としてブレンドに使うことが多い。原料が大麦麦芽だけの場合は、モルト・ウイスキーともいえる。

グレーン・ウイスキー

↓

アイリッシュ・ブレンデッド・ウイスキー

製造法 アイリッシュ・ストレート・ウイスキーにグレーン・ウイスキーをブレンドする。

味わい ストレート・ウイスキーよりも軽く、すっきりした味わい。

これからも一緒に飲んでくれ

だまって並んで飲む。友人と過ごす大切なひととき。

ブッシュミルズ蒸留所

ブレンデッドもシングル・モルトもある世界最古の蒸留所

この蒸留所でつくられているブッシュミルズは、飲み口がドライ。そして独特の香りがあり、飲んだ後口はさわやかだ。すっきりしたその風味は、寝つけない夏の夜などにぴったりかもしれない。

ブッシュミルズ蒸留所は、１６０８年に、北アイルランドのブッシュミルズの町で創業した、世界最古の蒸留所だ。ビールや蒸留酒の伝播には、宣教師が大きな役割を果たしたといわれている。早くから蒸留所が誕生した背景には、このあたりが宣教師、聖パトリックと縁の深い土地だったことが関係するのではないかと考えられている。

ちなみにブッシュミルズとは、〝林のなかの水車小屋〟という意味で、そのロマンチックな名称が、この蒸留所のさわやかな風味のウイスキーにとてもマッチしている。

この老舗中の老舗蒸留所では、ブレンデッドのほかにも、「ブッシュミルズ・シングル・モルト10年」というシングル・モルトもつくっている。アイルランドでは基本的にピートを使わないので、スコッチ・シングル・モルトと違い、ピート香はないものがほとんどだ。

5～8度がおいしく飲める適温

アイルランドといえばやっぱりギネス

アイルランドといえば、スタウトという黒ビールが有名。深いコクとクリームのようなきめ細かい泡が極上ののどごしだ。

生みの親は1759年にダブリンで創業したアーサー・ギネス。当時、庶民の酒であったポーターという黒ビールを改良しギネスをつくり、人気を博した。

いまやギネスのスタウトは、世界百数十カ国に輸出されている。

ウイスキーを飲みながら、チェイサー（水）がわりに、冷やしたギネスをゴクゴク味わう、なんとも極上のひとときだ。

ビール片手にウイスキーを飲む

チェイサーの水がわりに試してみたら

アイルランドといえば、ビール！　このビールを水がわりにしてウイスキーを楽しむ飲み方がある。

ウイスキーで熱くなった舌をビールでリフレッシュさせ、またウイスキーを一口、たまらなく酒が進んでしまう。ただし、その分酔いが回るのも早いから、気をつけたほうがいい。

今夜の一杯はコレ!

ブッシュミルズ・シングル・モルト10年

「BUSHMILLS」

ブッシュミルズ（40度）
数十種をブレンドするスコッチと違い、同蒸留所でつくるストレート・ウイスキーと１種類のグレーンだけをブレンドしたもの。芳醇で暖かみがある。

ブラック・ブッシュ（40度）
モルトを80％以上使っているブレンデッド・ウイスキー。シェリーの香りが漂う。

ブッシュミルズ・シングル・モルト10年（43度）
バーボンの樽で熟成されている。

ミドルトン蒸留所

世界最大のポットスチルが数々の銘柄をつくる

ミドルトン蒸留所の代表ウイスキーは、その名を冠した「ミドルトン・ヴェリー・レア」。麦の香り、樽の香り、ハーブや木の香りなどがほのかに漂ってくる楽しい味。できるだけ加水せず、ストレートでじっくり味わいたい。

このアイリッシュ・ウイスキーは、毎年熟成樽のなかから厳選された50樽からボトリングされるが、ラベルにはそのときの年数しか記載されていない。蒸留年と勘違いしないよう要注意。

ミドルトン蒸留所は、アイルランドの蒸留所が集まったＩＤＧというグループの中心的な蒸留所。世界最大のポットスチル（蒸留器）をもち、そのスチルから、さまざまな銘柄のウイスキーをつくりだしている。

たとえば、１７８０年創業の老舗「ジェムソン」も同グループに集約されて、現在、ジェムソンのウイスキーはミドルトン蒸留所でつくられている。創業年をラベルに表記した「ジェムソン12年」は、アイリッシュ・ウイスキーのベストセラーだ。そのほか、「タラモア・デュー」「レッドブレスト」「リマリック」などが、この蒸留所で生まれている。

「 MIDLETON VERY RARE 」

ミドルトン・ヴェリー・レア1999（40度）

1984年から販売されている、同蒸留所の看板ウイスキーの1999年版。
瓶詰めされた年が明記されている生産限定品だ。熟成されたプレミアム品らしく、コクがある、繊細でまろやかな風味。
毎年、味わいが少し違うため、年ごとに飲み比べてみるのも楽しい。

ミドルトン蒸留所を知るもう一杯

タラモア・デュー

「 TULLAMORE DEW 」

タラモア・デュー(40度)
タラモア・デュー12年(40度)

〝タラモアの露というネーミング〟


12年もののほうが、味わいがより豊かにまとまっている。

町名タラモアと、経営者の頭文字ＤＥＷ（露という意味になる）をあわせて、タラモア・デューと命名された。

1829年に創業され、人気を博したが、第二次世界大戦後の1954年に閉鎖。現在は、ミドルトン蒸留所でつくられている。

ミドルトン蒸留所を知るもう一杯

ジェムソン

「 JAMESON 」

ジェムソン(40度)
ジェムソン12年(40度)

甘い香りとぬくもりのある味わい

シェリー樽に由来する甘いまろみが特徴。

1780年に設立した蒸留所でつくられていたが、ＩＤＧグループに集約され、現在、ミドルトン蒸留所でつくられている。

ジェムソンは、1974年グレーン・ウイスキーをブレンドして、評判を得た。以来、アイリッシュ・ウイスキーのけん引役をつとめる。

クーリー蒸留所

ユニークな製法の蒸留所は国策で生まれた

クーリー蒸留所では、「カネマラ」「グレノア」「キルベガン」「ターコネル」「ロックス」「マギリガン」「グリーン・スポット」など、たくさんの銘柄の蒸留を行なっている。

なかでもユニークなのは、カネマラだろう。飲んでみると、「おやっ、スコッチに似ている」と思うはず。現在こそ、アイリッシュ・ウイスキーは基本的にピート香がついていないが、その昔はついていたのだという。そこで現代版として、ピート香をつけた、アイルランドではとても珍しい方法でつくりあげたウイスキーが誕生したのだ。

ところでクーリー蒸留所は１９８７年創業と、比較的新しい。というのも、この地には当時ブッシュミルズ蒸留所とミドルトン蒸留所の2カ所しかなかったので、政府の国策でアイリッシュ産ウイスキーの独立企業をつくろうということになり、ジョン・ティーリング氏が４００万ポンドを投入して創設したのだ。

アイリッシュ・ウイスキーの世界的シェアはまだわずかだが、この新蒸留所の誕生で、売り上げの増大が期待されている。

すーっと入るね
こりゃ うまいよ マスター

おかわり!!

アイリッシュはなめらかですっきり飲みやすいが、世界的なシェアはごくわずかしかない。

カネマラ

「CONNEMARA」

カネマラ（40度）

大麦麦芽だけを原料にピートを焚いた原酒と焚かない原酒をつくり、両方を混ぜあわせたモルト・ウイスキー。ほどよいピート香が漂う。

カネマラ・カスク・ストレングス（59.6度）

樽出し（カスク・ストレングス）のため、アルコール度は高いが、その分、風味やコクが増す。

そのほかのクーリー蒸留所のウイスキー

ターコネル（40度）

5つ星のなめらかな味わい

1992年にクーリー蒸留所がつくったウイスキー。古代ゲール王朝ターコネルから名づけたウイスキーは、薄い麦わら色のまろやかな味わい。

ロックス・モルト・クロックス（40度）

やわらかな香りは女性におすすめ

別の蒸留所がつくっていたが、20世紀に入って市場から消えていた。それをクーリー蒸留所が復活させた。軽くやわらかな風味がある。

ミラーズ・スペシャル・リザーヴ（40度）

気持ちのいい甘さがある

20世紀中頃、当時の蒸留所とともになくなったが、1994年にクーリー蒸留所が復活させた銘柄。口に含んだ瞬間から甘さや麦芽の香味が広がる。

スランジバール!!
ウイスキーコラム

スコッチと伝統料理に舌つづみ

「蛍の光」の原詩作者は、ロバート・バーンズというスコットランドの国民的詩人。彼の誕生日の1月25日前後に、「バーンズ・ナイト」あるいは「バーンズ・サパー」とよばれる、スコットランド人には重要なイベントが開かれる。

このお祭りに欠かせないのが、ハギスという料理とスコッチ・ウイスキーだ。

ハギスは、羊の心臓や腎臓、肝臓などの内臓をミンチにして、タマネギや大麦などと一緒に羊の胃袋に詰めてボイルした、スコットランドの伝統料理。バーンズ・ナイトには、このハギスとスコッチが供されるのだが、スコッチは飲むだけでなく、ハギスの上にもたっぷりふりかけられる。

スコットランド人たちは、ハギスを食べ、スコッチを飲み、バーンズが書いた「ハギスに捧げる詩」などを朗読して、楽しい一夜を過ごすのだ。

日本でも缶詰のハギスなら手に入るので、スコッチをふりかけて試してみるといい。

＊スランジバール（Slaintheva：スランジーバともいう）とはゲール語で「健康を祈る」という意味。東京・銀座にスランジーバという同名のバーがある。

第3章

アメリカン・ウイスキー、カナディアン・ウイスキー

―力強い味わいからやさしい香りまでさまざま―

男が飲む酒、アメリカン

開拓精神がウイスキーに新境地を開いた

アメリカのウイスキーといえば、ご存じのバーボン。バーボンは、アメリカに移住してきたスコットランドやアイルランドの人たちが、現地で手軽に手に入るトウモロコシやライ麦を使って蒸留酒をつくったことがはじまりだ。

〝バーボン〟の語源はフランスのブルボン王朝に由来する。独立戦争のときにアメリカに味方した功績をたたえ、ブルボンを英語読みしたバーボン郡をケンタッキー州につくった。その地でウイスキーづくりが盛んだったせいか、いつのまにかバーボンがウイスキーの名称になったという。現在、バーボンの8割はケンタッキー州でつくられている。

では、アメリカでつくられるウイスキーはすべてバーボンかというと、そうではない。バーボンは原料の半分以上がトウモロコシのものをさし、80パーセント以上になり、製造法がかわるとコーン・ウイスキーとよばれる。またライ麦が半分以上のものは、ライ・ウイスキーだ。これらとほかの蒸留酒をブレンドしたブレンデッド・ウイスキーもある。

開拓者たちが新天地にもたらした新しい味を、堪能してみよう。

「SEAGRAM'S SEVEN CROWN」

シーグラム・セブン・クラウン（40度）

アメリカでもっとも有名で人気のブレンデッド・ウイスキー。禁酒法撤廃１年半後の1934年に登場。当時の粗悪なウイスキーを抜き去り、発売２カ月で売り上げトップになった。まろやかな飲み口。ストレートでもソフトドリンクで割ってもいい。

人々が「セブン」とよぶ名前の由来は、商品開発のときに試飲された10種類のなかで７番目が採用されたからだ。

アメリカン・ウイスキーのタイプを知る

バーボン・ウイスキー

原　料 原料の51％以上がトウモロコシ。

製造法 アルコール度80度以下で蒸留し、内側を焦がしたオーク新樽で２年以上熟成させる。

味わい 香ばしく、個性豊かなくせがある。

テネシー・ウイスキー

製造法 蒸留したばかりのバーボン・ウイスキーを、サトウカエデの木炭でろ過してからオーク樽で熟成させる（詳細はＰ127参照）。

味わい バーボンよりもクリアな味わいになる。

コーン・ウイスキー

原　料 原料の80％以上がトウモロコシ。

製造法 アルコール度80度以下で蒸留し、再使用のオーク樽、または内側を焦がしていないオーク新樽で２年以上熟成させる。

味わい バーボンよりも風味がやわらかく、素朴な甘みがある。

ライ・ウイスキー

原　料 原料の51％以上がライ麦。

製造法 アルコール度80度以下で蒸留し、内側を焦がしたオーク新樽で２年以上熟成させる。

味わい バーボンよりさらに深いコクがある。

ブレンデッド・ウイスキー

製造法 バーボンやコーン、ライ・ウイスキーを20％以上使い、熟成年数が短いウイスキーやスピリッツなどの蒸留酒をブレンドする。

味わい 軽快な飲み口。ブレンデッド・バーボン・ウイスキー、ブレンデッド・コーン・ウイスキーなどがある。

ブラントン

インパクトあるキャップは一度みたら忘れない

重くコクのある刺激が舌をくすぐると、その後にキャラメルのようなほのかな甘さが漂ってくる。いかにもバーボンらしい男っぽい味わいだ。

ケンタッキーダービー馬のキャップに、しゃれたデザインのボトル。一度みたら忘れられないこのバーボンは、エンシェント・エイジ社の蒸留所に55年間も勤め、〝ケンタッキーの長老〟とよばれる、ウイスキーづくりの名人となったアルバート・ブラントンにちなんでいる。

長老の名に恥じない、たいへんなこだわりをもって、ブラントンは世に出されている。4年寝かされた原酒は、ブレンダーの舌でじっくり吟味され、よい樽だけを選んで、もっとも環境のよい熟成庫に運ばれ、ここで3～6年再熟成されることではじめて、ブラントン用の原酒となる。そしてひと樽ずつ、瓶詰めされるのだ。これらのなかで、さらに上出来の原酒が厳選され、芳醇なコクをもつ「ブラントン・ゴールド」になる。

ブラントンのラベルには、蔵出しの日付、樽番号が手書きで掲載されている。文字だけのきわめてシンプルな帯状のラベルには、このバーボンの自信と誇りがあらわれているようである。

今夜の一杯はコレ!

「BLANTON」

ブラントン・ブラック（40度）
1994年日本向けに発売されたもの。アルコール度が低めで、カジュアルに飲める。

ブラントン（46.5度）

ブラントン・ゴールド（51.5度）
選良の樽からだけでつくる限定品。樽出しのような度数の高さで深いコクがある。

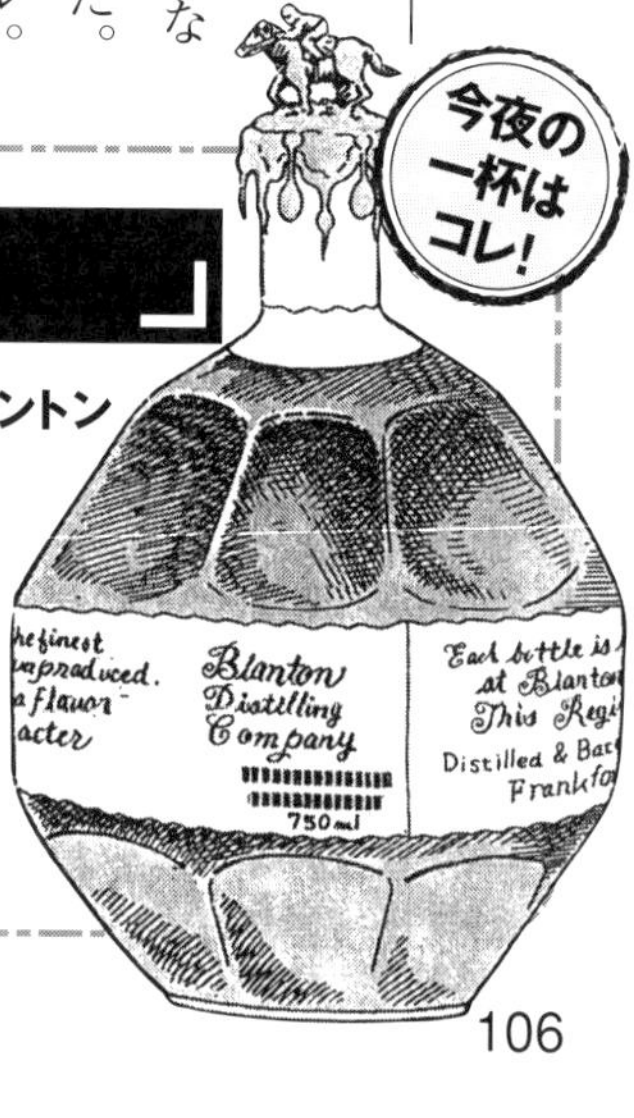

ブラントン

バーボンは進化している

Q.
スコッチの歴史（P33参照）みたいに、バーボンにも男の酒ならではの歴史があるの？

A.　アメリカとともに生まれた酒

バーボンには西部の男のロマンがつまっているんだ。その歴史なら、俺に話させてくれ。

ウイスキー、新大陸へ

1492年コロンブスが新大陸を発見して以降、ヨーロッパ諸国の人々が、アメリカへ移住しはじめた。スコットランドやアイルランドの移民が、蒸留器とウイスキーづくりをもちこんだ。

トウモロコシとの出会い

アメリカ独立戦争後、政府は経済回復のためにウイスキーへの課税を強行した。それから逃れるため、ケンタッキーなど西へ移動した農民は、ウイスキーづくりに最適なトウモロコシと水をみつけ、その地に根を下ろした。

樽が焦げたのは偶然？

バーボン特有の香味を生む樽を焦がす行為は、火事で焦げたなど偶然の発見とする説が多い。きっかけはどうであれ、18～19世紀には、今と同じようなバーボンの製法が確立していたのだ。

思わず
飲んでみたく
なっちゃうね

自信あふれる宣伝コピーが小気味いい

ブラントンの親会社にあたるのが、エンシェント・エイジ社。エンシェントは直訳すれば“古代”だが、アメリカでは開拓時代をさす。この名称には“開拓時代のたくましい男たちの酒”という意味が込められているのだという。

同社のバーボン「エンシェント・エイジ」は、アメリカではつねに売り上げ上位の人気ブランドだ。酸味と独特のコクがある。「これよりいいバーボンがあれば、どうぞそちらをお買いください」という自信まんまんの宣伝コピーでも有名。

ブッカーズ

しゃれたラベルに自信の手書き文字が並ぶ

とろりとした褐色に近い琥珀《こはく》色の液体を一口含むと、まろやかな香りが口中に広がる。63度という高濃度のアルコールなのに、強烈な刺激があるのかというと、そんなことはなく、まろやかでバランスのとれた風味がいつまでも残る。

ていねいに書かれた手書き文字のラベルにもあらわれているように、ブッカーズはそれぞれの樽から直接瓶詰めした最高級の品。バーボン業界第1位を誇るジム・ビーム社が、特別につくり上げたプレミアム・ブランドなのだ。

製作者は、ジム・ビーム社の直系で、バーボン中興の祖といわれるジェイコブ・ビームの孫にあたる、ブッカー・ノオ。バーボン造りの達人といわれたブッカーが、6〜8年熟成させた秘蔵中の秘蔵の樽から、熟成のピークを迎えたものだけを自らが選び出して、このバーボンを世に出したのだ。

アルコール度が高く、たくさんは飲めないかもしれないが、食後にゆったりと、価値ある逸品を味わってみたい。

ねェ
ブルちゃん
飲んで飲んで
彼女が
いなくて
寂しく飲む酒は
嫌なんだ
仲良く一緒に
飲もうね

「BOOKER' S」

ブッカーズ(63度)

創業200周年を記念してつくられたスモール・バッチ(少量生産)・バーボンのひとつ。まろやかでやわらかい香りがある。アルコール度のわりにスムーズに飲める。

スモール・バッチ・バーボン

通常のバーボンは熟成された数十樽の原酒をあわせている。だが、スモール・バッチは10樽以下の原酒だけをあわせたもの。
その年の樽で優良な数樽を、個性を組み合わせるようにしてブレンドする。まさに少数精鋭部隊というわけだ。

そのほかのスモール・バッチ・バーボン

ベーシル・ヘイデン(40度)

8年熟成の軽い味わい

原料にライ麦の比率が高いため、香ばしい風味が強い。ボトルの肩から前掛けのようにラベルがかかり、帯で留められている凝ったデザイン。部屋に置いておくにも素敵。

ベイカーズ(53.5度)

なめらかな7年熟成

7年熟成された樽をいくつか選んで、あわせたもの。アルコール度は高いが、口あたりはなめらか。

ノブ・クリーク(50度)

9年熟成のおだやかな飲み口

低温で一度、高温で一度内側を焦がして2層の焦げ目をつけた樽で熟成させる。これによりおだやかな個性になる。

アーリー・タイムズ

軽やかで甘く、女性からも支持される

「おや、これもバーボン?」と思わず声に出してしまいそうな、ほどよい甘さとさわやかな口あたり、スマートな味わいが、アーリー・タイムズの最大の特徴。その飲みやすさから、女性にもおおいに人気があり、アメリカでの売り上げはつねに3位以内に入っている。

このバーボンの故郷は、ケンタッキー州バーボン郡アーリー・タイムズ村。開拓初期の入植地だった村の名をとったバーボンは、南北戦争のはじまる前年の１８６０年生まれ。スコットランドからの移民の家系によってつくられ、有名ブランドに成長したが、禁酒法施行後、蒸留所は閉鎖された。この蒸留所に目をつけたのが、すでに「オールド・フォレスター」で名が知れていたブラウン・フォーマン社。

アーリー・タイムズ社を買収し、同社の蒸留所でアーリー・タイムズをつくり、いまや看板商品にまで育てあげた。

現在のアーリー・タイムズは、蒸留所で独自に育てた酵母を使い、温度や湿度などを厳密に管理できる近代的な設備で生まれる。古くて新しいバーボン、それがアーリー・タイムズだ。

今夜の一杯はコレ!

「EARLY TIMES」

アーリー・タイムズ・イエロー・ラベル（40度）
やや赤みがかった琥珀色で、バーボンらしい甘さと厚みがある。まろやかで素朴な味わい。

アーリー・タイムズ・ブラウン・ラベル（40度）
日本向けに開発された深みのある味わい。イエローラベルよりトウモロコシの割合が少なく、しっかりした飲み応えがある。

アーリー・タイムズ・イエロー・ラベル

ケンタッキー
ダービーの
名物ドリンク
ミントジュレップ
白熱のレースに
興奮する観客の
のどを潤してくれる
行きたいな

バーボンベースのカクテルを飲む

ダービーの公式飲料

バーボンと砂糖とミントでつくるカクテル「ミントジュレップ」は、南北戦争のころからあったといわれる伝統的なカクテル。すっきりと冷たく仕上げられ、ほんのりと甘みがある（つくり方はＰ183参照）。

19世紀のころから、ケンタッキーダービー観戦にかかせない飲み物として知られている。

バーボンのなかでも、アーリー・タイムズでつくるミントジュレップは、ケンタッキーダービーの公式飲料に指定されている。

開催期間中には60トンもの氷が使われ、なんと８万杯も飲まれているという。

ケンタッキーダービー

毎年５月の第１土曜日にケンタッキーで行なわれるレース。３歳サラブレッドの王座を競い合うもので、アメリカの国民的行事のひとつといえる。世界中から競馬ファンが集まる。

エヴァン・ウイリアムズ

20年以上熟成させたバーボンもある

バーボン特有の香ばしい香りと、口中に広がる後味にパワーを感じる、男っぽいバーボンだ。ライトタイプが主流になりつつある近年では、伝統的なタイプに入るが、それだけに根強いファンをもつ。

エヴァン・ウイリアムズとは、開拓初期のケンタッキーで最初にバーボンをつくったといわれる男性の名前。ボトルに、「１７８３年」と記されているがこれは１７８３年に彼が蒸留をはじめたという説があるためだ。現在このバーボンをつくっているヘヴン・ヒル社は、エヴァン・ウイリアムズ氏とは無関係で、ただ名前を拝借しただけ。

ヘヴン・ヒル社は、バーボンの蒸留業者として最大規模を誇り、20年以上の長期熟成ものもエヴァン・ウイリアムズにはある。

なお、日本では、エヴァン・ウイリアムズのほうがよく知られているが、アメリカではメイン・ブランドの「ヘヴン・ヒル」も人気が高い。

同社は１９８６年、もうひとりのバーボンの元祖、エライジャ・クレイグの名をとった「エライジャ・クレイグ12年」をリリース。元祖２人の名を冠したバーボンを、飲み比べてみるのも楽しい。

スコッチより熟成のピークは早いよ

バーボンならではの熟成法がある

年中涼しい気候のスコットランドに比べ、ケンタッキーの夏は30度を超え、冬は冷え、雪も降る。この寒暖差が熟成中の樽呼吸を促し、うまいバーボンをつくる。貯蔵庫は、外気を十分に取り込める、風通しのいいオープン・リック（開架）方式だ。

熟成庫のなかでも、樽の置かれる位置によって温度差があり、そのため熟成度が変わる。高温になりやすい上層ほど熟成の進みが早く、下層ほどゆっくり進む。

何年熟成がベストとは言い切れないわけがここにあるのだ。

今夜の一杯はコレ!

「EVAN WILLIAMS」

エヴァン・ウイリアムズ7年

エヴァン・ウイリアムズ7年（43度）
黒いラベルに文字が白く抜かれている。味わいはなめらかで心地よい。

エヴァン・ウイリアムズ12年（50.5度）
ピンクに近い赤いラベル。アルコール度が高く、バーボンらしい力強さが感じられる。

エヴァン・ウイリアムズ・シングル・バレル（43.3度）
1990年に蒸留された原酒の樽のひとつだけを瓶詰めしたもの。赤みの強い琥珀色がなんとも暖かさを感じさせる。

エヴァン・ウイリアムズ23年（53.5度）
バーボンにしては長期熟成されている。樽の香りがしっかりとついている。香りを楽しみたい人にいい。

ビーフジャーキー
薄切りの牛肉をスパイスなどで味つけして、自然乾燥させたもの。
かむほどにうまみが口に広がる。もともとは、狩りでしとめた獲物の保存食として生み出された。

バーボンにはビーフジャーキー
ビーフジャーキーをかじりながら、ちびりちびりとバーボンをやるのはおつなもの。男の酒はつまみもワイルドに。

フォア・ローゼズ

「棘のないバラ」はとろりとまろやか

ラベル中央に描かれた4輪の深紅のバラ。その華やかなボトルの印象と同じように、口のなかに花が咲くようにまろやかな味わいだ。クセのない軽いタッチの風味は、「棘《とげ》のないバラ」とも表現されている。

ブランド名については、こんな話がある。1865年にジョージア州アトランタに蒸留所をつくったポール・ジョーンズ。彼が南部の美女にプロポーズすると、その令嬢は「お受けするときは、胸にバラのコサージュをつけてまいります」と答えた。そして約束の日に、彼女は深紅のバラのコサージュをつけてあらわれて、2人は結ばれたという。

このほかにも諸説あり、真実は不明だが、フォア・ローゼズのパーティでは出席者がみなバラのコサージュを胸につけるというから、バラのトレードマークが、いかに大きな意味をもつかがわかる。

フォア・ローゼズ社は、禁酒法時代は薬用酒づくりの許可を得て生き延びたが、その後カナダに本社があるシーグラム社に買収された。現在はケンタッキー州ローレンスバーグにある蒸留所で生産され、棘のないバラは日本をはじめ世界中で愛されている。

西部劇には
よくバーボンが
登場するね

バーボンが物語のスパイスになる

アトランタが舞台の映画『風と共に去りぬ』で、苦難にうちひしがれたヒロインのスカーレット・オハラが飲んでいたのは、バーボン。たった4日の永遠の愛を描いた『マディソン郡の橋』で、母親の日記を読みすすめる兄妹が飲んでいたのも、バーボンだ。

一方、『泥棒成金』では「お酒はバーボンにかぎる」というセリフがあるし、『旅情』ではヴェニスの宿の主人にすすめられた酒を断った主人公が、持参のバーボンをとりだす。いかにアメリカ人がバーボンを愛し、誇りにしているかがよくわかる。

今夜の一杯はコレ!
Four Roses

フォア・ローゼズ・プラチナ

「FOUR ROSES」

フォア・ローゼズ（40度）
黄色いラベルのスタンダード品。

フォア・ローゼズ・ブラック（40度）
黒いラベルに真紅のバラが浮かび上がる。甘く果実の香りがあり、しっかりとした深みもある。

フォア・ローゼズ・プラチナ（43度）
ケンタッキー州200周年を記念した日本限定の品。きわめてマイルドな口あたりで、やわらかなのどごしだ。ボトルのバラは赤ではなくプラチナ色。

伝説も人気の一因

4輪のバラの伝説には、舞踏会に4人の乙女がバラのコサージュをつけてあらわれたからという説もある。ロマンチックな話も人気の一因。

きょうは わたしのおごりだ これ一本あけるぞ
そして すっかり 忘れちまいな
ハイ このプラチナは すべてを忘れさせる 旨さがあります
そうだ 女がなんぼのもんじゃ 男はサケだ サケだ サケだい!

I・W・ハーパー

トウモロコシ8割以上のなめらかさ

一口含むと、心地よい刺激とともに、とろりとしたなめらかな舌ざわりを感じ、やがてフルーツのような香りがたちのぼる。やや甘みが残る、おだやかな後味だ。この風味を生み出しているのは、86パーセントという高い含有率のトウモロコシ。トウモロコシの含有率を高めることで、なめらかな舌ざわりのバーボンに仕上がるのだ。

バーボンの代名詞ともいえるほど人気の高いこのブランドは、ドイツ移民が生みの親。創業者アイザック・ウルフ・バーンハイムは、新天地で職を転々とした後、弟と一緒に、酒の樽売りをする会社を興して大成功し、ついにアメリカン・ドリームを手に入れたのだ。ブランド名のI・Wは、アイザック・ウルフ・バーンハイムの頭文字I・Wをつけたものだ。

バーボンは6年程度の熟成が最適といわれていたが、同社では１９６1年に12年ものを発売している。これによって名声がさらに高まり、ほかの会社も長期熟成タイプをつくるようになった。「I・W・ハーパー12年」は先駆的なウイスキーといえる。

うめぇー
うめぇー
よっぽどおいしかったんだ
サケの味がわかるいい飲み手だよ
うめぇー

今夜の一杯はコレ!

「I.W.HARPER」

I.W.ハーパー・ゴールド・メダル（40度）

スムースなのどごしのスタンダード品。ラベルに描かれる５つのゴールドメダルは、いくつもの賞で金賞に輝いてきた功績を示している。
日本にも1970年代から本格輸入されており、高級ウイスキーとして名をはせてきた。

I.W.ハーパー12年（43度）

12年熟成され、そのぶんなめらかさや深みが増している。飲みやすく、懐かしさを感じる味わい。四角くて、表面にカッティングの入った華やかなボトルが目印。

I.W.ハーパー・ゴールド・メダル

コーン・ウイスキーもおすすめ

ソフトな口あたりに酔う

原料の80％以上がトウモロコシで、古樽か焦がしていない新樽で熟成させたものがコーン・ウイスキー。トウモロコシを糖化させるために必要な大麦麦芽がわずかに加えられる。

おだやかな甘みがあり、トウモロコシの風味が漂うやさしい味わい。

代表的なコーン・ウイスキー

プラット・ヴァレー（40度）

まろやかなコクに舌鼓

トウモロコシの風味がやわらかく舌を包む。オーク樽で熟成され、豊かなコクがある。通常のボトルに入ったもののほかに、右のような、陶器のボトル入り（プラット・ヴァレー・ストーン・ジャグ）もある。一風変わったデザインのボトルだ。

ジム・ビーム

軽快で楽しいベストセラー・バーボン

バーボンの奥深い香りを残しつつも、軽やかな風味。その飲みやすさから、ジム・ビームはつねにアメリカのベストセラー・バーボンの地位を保っている。

ジム・ビーム社は、１７９５年創業という老舗。創業者のジェイコブ・ビームは、ドイツからの移民の子。ケンタッキー州バーズタウンにやってくると、ここでウイスキーづくりをはじめる。この地は、良質の地下水、トウモロコシやライ麦が育ちやすい畑、樽の材料となるホワイトオークの生える林と、ウイスキーづくりに必要なものがすべてそろっている、理想的な環境だったからだ。

創業以来約２００年、同社は同一の家系で経営を続けてきた。このような例は、現存するブランドではほとんどない。１９６７年に、アメリカン・ブランズ社に売却したが、蒸留自体はいまもビーム家が携わっており、ブランドの神髄はいまだビーム家のものなのだ。

ところでジム・ビームには、５００もの多種多彩なデキャンタ・ボトルがある。集めてみるのも楽しいだろう。

今夜の一杯はコレ!

「JIM BEAM」

ジム・ビーム（40度）
4 年熟成。白地のラベル。

ジム・ビームズ・チョイス（40度）
5 年熟成。鮮やかなグリーンのラベル。

ジム・ビーム 8 年ブラック（43度）
8 年熟成され、口あたりがマイルド。黒いラベル。

ジム・ビーム8年ブラック

ライ・ウイスキーもおすすめ

Q.
ライ・ウイスキーはバーボンとは違うの?

A.　ライ麦主体のウイスキーで、バーボンではない

ライ麦を51%以上使い、内側を焦がした新樽で2年以上熟成させたものがライ・ウイスキー。バーボンよりもコクが豊かで、ライ麦特有の香りがする。

歴史をみても、ライ・ウイスキーはトウモロコシを主体としたバーボンより古くからつくられている。

主なライ・ウイスキー

ジム・ビーム・ライ(40度)

軽くてちょっと刺激的

ジム・ビーム社がつくるストレート・ライ・ウイスキー。1945年ころから発売されている。黄色のボトルにマッチした軽快な味わい。

オールド・オーヴァーホルト(40度)

クールで爽快感がある

1810年に生まれた伝統ある銘柄。現在、ジム・ビーム社で蒸留されている。甘みはそれほど強くなく、ドライでさわやかな風味がある。

ワイルド・ターキー・ライ(50.5度)

ピリッとスパイシー

ワイルド・ターキー8年と同様に高いアルコール度を誇る。コクや甘さがあり、ライ麦のスパイシーさがでているライ・ウイスキーの名品。

メーカーズ・マーク

流れかかる封蠟が目印の手づくりの味わい

バーボン特有の、苦みを含んだ樽の香りがほとんどなく、そのかわりに柑橘《かんきつ》系の甘い香りがすがすがしく漂う。メーカーズ・マークのこの独特の風味は、まろやかさを追求した結果として、ライ麦のかわりに冬に収穫された小麦を使うようになったことによるという。

この逸品を生む蒸留所は、バーボンメーカーのなかでもっとも小さい。

サミュエルズ家によって経営されてきたこの蒸留所は、一時閉鎖された時期があった。しかし同家4代目が、廃墟になっていた蒸留所を見事に復興、先祖の夢を現在につないだ。

同社は、少量生産を貫き、手づくりウイスキーを提供するのがポリシー。このブランドだと一目でわかる封蠟《ふうろう》も、ひとつひとつ手作業で行なわれている。封蠟を切り、グラスにウイスキーを注ぐとき、生産に携わる人たちの温もりが伝わるようだ。

ちなみに、赤の封蠟のレッド・トップがスタンダード品だが、ほかに黒、金色の封蠟のものがある。

独特のパッケージは妻のアイディア

シンボルマーク

Sはサミュエルズ家のS
Ⅳは再興したビルがサミュエルズ4代目だと示す
☆は蒸留所の所在地スター・ヒル・ファームを示す

品質第一で生まれた少量生産のバーボンにシンボルマークと相応のパッケージを考えたのは、4代目の妻マージー。

手でちぎったようなラベル、手作業で行なう封蠟など、バーボン同様に手づくり感があふれている。

この
封蠟にも
いくつかの
パターンが
あって
封を
した人の
個性が
出るんです
これは
ひとつとして
同じものは
ありません
一本一本が
手作業で
やったものだ
からね
Maker's Mark
WHISKY

何本か買ったら、流れ具合など比べてみるといい。

今夜の
一杯は
コレ!
Maker's
Mark
KENTUCKY STRAIGHT
BOURBON WHISKY
HANDMADE
750ml 45%alc/vol

「　MAKER' S MARK　」

メーカーズ・マーク・レッド・トップ（45度）

原料にライ麦を使用していない。

メーカーズ・マーク・ブラック・トップ（47.5度）

現社長が、父のつくったレッド・トップに勝るバーボンを求めてつくりあげた。
マイルドで芳醇な香りがある。

メーカーズ・マーク・VIP（ゴールド・トップ）（45度）

ＶＩＰへの贈り物として使えるように開発されたもの。金の封蠟が流れかかっていて、見た目も優雅で高級感があふれている。

メーカーズ・マーク・レッド・トップ

オールド・フォレスター

上品な香りの正統派バーボン

アルコール度のわりに、舌に感じる刺激が少なく、のどを滑るようにとおると、ほんのりと砂糖菓子のように甘く、華やかな香りが複雑に漂ってくる。そして、いかにもバーボンらしい、きりりとした後味が心地よく残る。

オールド・フォレスターは、アーリー・タイムズと並ぶ、ブラウン・フォーマン社の看板商品。

同社は1870年創業。業界初の瓶入りバーボンとして発売したのが、オールド・フォレスターだ。当時、バーボンは樽売りされていたが、そのなかにはかなり粗悪品も混じっていた。

そこで創業者のジョージ・ガービン・ブラウンは、ラベルに手書きで、「このウイスキーは当社単独で蒸留したもので、豊かな味わいとすぐれた品質は保証付きです」とサインを入れた。最後に、「市場にこれに勝るものなし」とアンダーラインを引くという徹底ぶり。これが大当たりし、オールド・フォレスターの名前は一気に広まった。その手書き文書は、現在も堂々とラベルに掲載されている。

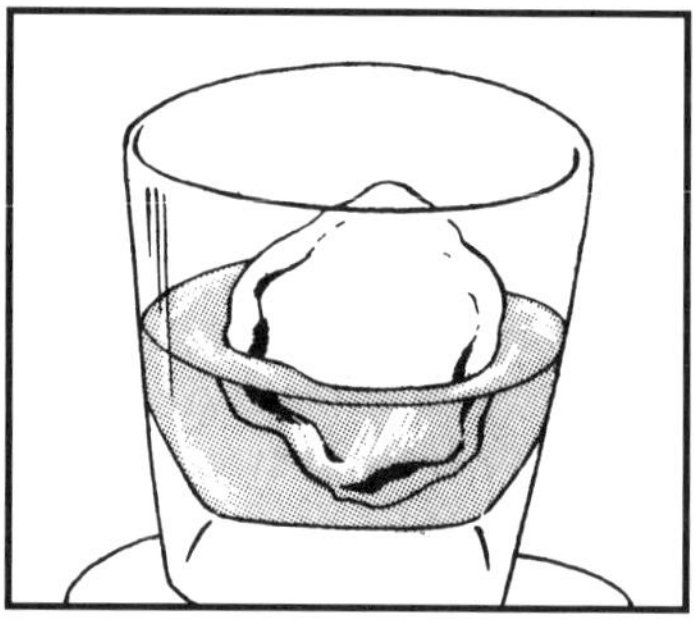

口あたりのいいバーボンだから
ロックで

今夜の一杯はコレ!
OLD FORESTER

「OLD FORESTER」

オールド・フォレスター(43度)
オールド・フォレスター・ボンデッド(50度)
ボンド法(下のコラム参照)に準じたバーボン

オールド・フォレスター

よう郷ちゃん久しぶりだね
今夜はとことん飲もうな
男気のあるバーボンはひとりで飲む

B.I.Bと省略された表示もある

政府が保証を与えたボンド法

バーボンの質にばらつきがあった19世紀のおわり、良いものを保護する目的でつくられた法律がボトルド・イン・ボンド法。数あるバーボンのなかから、その品質を政府が保証したのだ。

法律は廃止されたが、当時の名残がラベルに残っているものがある。「BONDED」や「BOTTLED IN BOND」などと書かれていたら、ボンド法の条件(単一の蒸留所の原酒、50度で瓶詰めなど)を備えたバーボン。政府管轄の倉庫で熟成という条件を除いて、現在でもこの法律に準じたバーボンがつくられていると思っていい。

ワイルド・ターキー

雄大でリッチな味わい

のどから体中へと、しみ入っていくような、ふくよかな風味。重くしっかりとしたボディでありながら、甘みのある豊かな味わい。さすがに〝キング・オブ・バーボン〟とよばれるのにふさわしい。

このリッチな味を生み出すワイルド・ターキーの蒸留所では、ステンレスの発酵樽が主流の昨今、いまだ糸杉でつくられた樽を使っている。

8年ものはアルコール50・5度になるよう、慎重に加水される。この度数は、昔からきめられているのだ。

ワイルド・ターキー＝野生の七面鳥というブランド名になったことには、次のような伝説がある。

あるとき蒸留所に七面鳥狩りの男があらわれて、ウイスキーをボトルに詰めてもらって狩猟仲間にふるまった。それが好評だったため、七面鳥狩りシーズンにはかならずウイスキーの注文がくるようになった。そこで名称をワイルド・ターキーにしたのだという。

ラベルに大きく描かれている七面鳥、かつては飛んでいる姿がトレードマークだったが、１９９４年から横向きの絵にかわっている。

今夜の一杯はコレ!

「WILD TURKEY」

ワイルド・ターキー・スタンダード（40度）

ワイルド・ターキー8年（50.5度）
このブランドの看板商品。香りが強く、長く続くのが魅力。

ワイルド・ターキー・レア・ブリード（約54.5度）
熟成のピークにある樽から樽出ししているため、瓶によって度数が異なる。少量生産品。

ワイルド・ターキー12年（50.5度）

ワイルド・ターキー8年

ああーあ!!
スキットルボトル
オレのコートの内ポケットにはいつもこいつがキープされているんだ

スキットル

野外で飲むための容器のことで、フラスクともいう。腰に下げたり、ポケットに入れる。
ズボンのポケットに入るよう、お尻のかたちにあうよう湾曲しているものが有名。

ゴクッ

ウメー
こいつはウメーぜやけにウメー!!

スポーツ観戦や、アウトドアのイベントなど、寒空の下で手っ取り早く身体を温めるにはウイスキーが最適。

ジャック・ダニエル

バーボンでありながら、バーボンではない

グラスに注ぐと、フルーツと木の樽の香りが織り混ざったやさしい香りが漂う。舌にのせると、ほのかな甘みと心地よいアルコールの刺激がからまりあう。洗練された貴公子のような味わいといえるだろうか。

白黒のシンプルなラベルをみると、「テネシー・ウイスキー」と書いてある。バーボンではないのかと疑問に思われる向きもあるかもしれない。法律的には、ジャック・ダニエルはバーボンに入るのだが、一般にはテネシー・ウイスキーとよばれるのだ。

バーボンの8割はケンタッキー州生まれだが、ジャック・ダニエルはテネシー州生まれ。テネシー・ウイスキーの特色は、樽で熟成する前に、蒸留したばかりの原酒をサトウカエデの木炭を使ってろ過すること（左ページ参照）。これにより、芳香があるのに軽快な味わいに仕上がる。

テネシー・ウイスキーの代表であるジャック・ダニエル生みの親は、7歳から蒸留所で働き、16歳で自分の蒸留所を建設した伝説的な人物。彼がつくりだしたウイスキーは、１９０４年の世界博覧会で金賞を受賞し、一気に世界の銘酒の仲間入りを果たした。

甘くてほろ苦い
ジャックダニエルを
ごちそうして
その娘と仲良く
なったんですよ
ギャーーーッ

「あの女性に一杯ごちそうしてください」とバーテンダーに頼むのはマナー違反ではない。だが、あくまで紳士的にふるまおう。

ジャック・ダニエル・ブラック

「JACK DANIEL'S」

ジャック・ダニエル・ブラック（40度）

ジェントルマン・ジャック（40度）

蒸留直後に１回、瓶詰め前に１回の計２回ろ過している。なめらかなのどごし。

ジャック・ダニエル・シングル・バレル（47度）

すべてにおいて最良の熟成状態にある樽を選び出し、ほかの樽とは混ぜずに、それだけを手作業で瓶詰めしたもの。

バーボンとの違いは?

チャコール・メローイングが秘密

テネシー・ウイスキーのつくり方には、木炭（チャコール）を利用して、ろ過する工程がある。そのため、バーボンよりなめらか（メロー）に仕上がるんだ。

テネシー・ウイスキーのつくり方

▼

蒸留するまではバーボン・ウイスキーと同じ製法

▼

チャコール・メローイング

- ●サトウカエデの木を角材にして乾燥
- ●燃やして炭にする
- ●細かく破砕した炭をメローイング槽に入れる

メローイング槽を蒸留液が10日ほどかけて通る（ろ過）

ろ過すると…

コーンオイルなど原酒に含まれるよくない成分が除かれる

↓

なめらかな口あたり、クリアな味になる

▼

加水後、内側を焦がしたオーク樽で熟成、瓶詰めへ

飲みやすいカナディアン

くせのない軽やかさを味わう

「カナダのウイスキーは飲んだことがないなあ」と思っている人も、じつはそれとは知らずに味わっているかもしれない。ウイスキーベースのカクテルによく使われているからだ。

カナディアン・ウイスキーの特徴は、なんといっても軽快なこと。世界のウイスキーのなかで、もっともライトといっていいだろう。カクテルに使いやすいのも、軽いためにほかの飲み物とあわせやすいからだ。

カナダでウイスキーがつくられるようになったのは、アメリカの独立戦争後、独立に反対していた人たちがカナダに移住してからだといわれる。本格的に蒸留所ができるようになったのは、18世紀後半から19世紀にかけて。トロントやオタワなどに次々と蒸留所が建設された。そして、アメリカの禁酒法を背景として、急速に発展したのだ。

ウイスキーのつくり方は、原料がライ麦主体のフレーバリング・ウイスキーと、トウモロコシ主体のベース・ウイスキーをブレンドする。原料のライ麦比率が51パーセント以上であれば、ライ・ウイスキーと表示できる。

カナディアンは軽やかで飲みやすい。炭酸などで割ってもあう。

カナディアン・ウイスキーのタイプを知る

フレーバリング・ウイスキー

原料 ライ麦、トウモロコシ、大麦麦芽など。

製造法 連続式蒸留機で蒸留した後に単式蒸留器で蒸留し、3年以上熟成させたもの。

味わい 強い芳香があり、アルコール度も高い。ブレンドに使う。

ベース・ウイスキー

原料 トウモロコシ、大麦麦芽など。

製造法 連続式蒸留機で蒸留し、3年以上熟成させたもの。

味わい グレーン・ウイスキーと同じで、あまりくせや香りがない。ブレンドに使う。

▶カナディアン・ウイスキー

製造法 フレーバリング・ウイスキーとベース・ウイスキーをブレンドする

味わい ストレートでも飲みやすい。くせが少なく、軽やかな風味。

カナディアン・ライ・ウイスキー

原料 原料の51%以上がライ麦。

味わい カナディアン・ウイスキーよりもすっきりとした素朴な風味になる。
「アルバータ・プレミアム（P133参照）」「マックアダムス」などはまろやかさもある。

カナディアン・クラブ

C.C.の名で愛される

華やかな香りが漂う軽快な風味で、やわらかな口あたり。ウイスキーが苦手な人でも、抵抗なく受け入れられるだろう。

カナディアン・クラブの蒸留所は、１８５６年にオンタリオ州ウォーカーヴィルで生まれた。というよりむしろ、この蒸留所ができて、ウォーカーヴィルという町が生まれたといったほうがいい。

現在のカナディアン・ウイスキーの製造法の基礎をつくり上げたのが、カナディアン・クラブ生みの親ハイラム・ウォーカー。彼がつくったウイスキーは、紳士だけが集まる「ジェントルマン・クラブ」で人気を博し、最初はたんに「クラブ・ウイスキー」とよばれていた。

やがてアメリカにも進出して人気が出はじめたため、アメリカ産とカナダ産の区別をつける法律がアメリカで制定された１８９０年に、正式に「カナディアン・クラブ」というブランド名になった。

19世紀末には、イギリス王室御用達の認定を受け、名実ともに世界の名ブランドのひとつに成長し、「C．C．」の愛称で、いまも世界の人々に愛されている。

実際は隠れて飲んでいた

禁酒法の恩恵を受けたウイスキー

アメリカの酒とは切っても切れない関係にある悪法と名高い禁酒法。じつは、カナディアン・ウイスキーにも深い関係がある。

闇にまぎれた粗悪な酒が横行していた禁酒法時代、カナダから密輸されたウイスキーは、良質な味わいで人気があった。禁酒法撤廃後も、再開準備に手間取るアメリカのウイスキー業者を尻目に、カナディアン・ウイスキーはアメリカに根を下ろしたのだ。

また、カクテルベースとしても人気のカナディアンだが、このカクテルという酒文化も禁酒法を契機に飛躍的に発展したものだ。

「 CANADIAN CLUB 」

カナディアン・クラブ

カナディアン・クラブ（40度）
6年熟成されたもの。

カナディアン・クラブ・ブラック・ラベル（40度）
8年熟成されたもの。

カナディアン・クラブ・クラシック12年（40度）

カナディアン・クラブ20年（40度）

C.C.を使ったカクテルを飲む

Q.
C.C.カクテルってなんのこと?

A. カナディアン・クラブをベースとしたカクテル

カナディアン・クラブはバランスがよく飲みやすいため、カクテルのベースに使われやすい。とくにカクテル名の頭にC.C.とつけて、C.C.カクテルを強調しているものもあるので、いくつか紹介しよう。

C.C.C.（シーシーシー）

材料
カナディアン・クラブ　45ml
コーラ　適量

カナディアン・クラブのコーラ割り。アメリカでポピュラーな飲み方。

C.C.7（シーシーセブン）

材料
カナディアン・クラブ　45ml
セブンアップ　適量

カナディアン・クラブのセブンアップ割り。アメリカの若者に人気の一杯。映画「サタデー・ナイト・フィーバー」に登場する。

C.C.ソルティ・ドッグ

材料
カナディアン・クラブ　45ml
グレープフルーツジュース　適量

カナディアン・クラブのグレープフルーツジュース割りで、グラスのふちに塩を飾ったもの。ウオツカをベースにつくるソルティ・ドッグの応用編。

クラウン・ローヤル

イギリス国王への上質な贈り物

どっしりとしたボトルから流れ出るウイスキーは、上品な淡い琥珀《こはく》色。口に含むと、華やかな香りが舌の上に広がり、ほのかな渋みが風味に重みをもたせている。水を加えると、舌ざわりがよりまろやかになる。ウイスキーを飲み慣れていない人は水割りがいいかも。

クラウン・ローヤルは、カナダを基盤として、世界のウイスキー業界に君臨する大企業シーグラム社の代表ブランドだ。ボトルも王冠のかたち、ラベルにも王冠が描かれ、そしてこのブランド名とくれば、当然ながらイギリス王室との関係が推測される。

１９３９年、イギリス国王ジョージ６世夫妻がカナダを訪問したとき、当時のオーナー、サム・ブロンフマンが自らブレンドしたウイスキーを献上した。その後、貴賓者用に少量だけ生産していたのだが、あまりに人気が高いため、プレミアムとして発売するようになったのが、このクラウン・ローヤルなのだ。

スタンダード版自体が高級品だが、さらに厳選した特選品「スペシャル・エディション」もある。ぜひ味わってみたい。

「　CROWN ROYAL　」

クラウン・ローヤル（40度）

エレガントな気品漂うプレミアム・ウイスキー。

クラウン・ローヤル・スペシャル・エディション（40度）

より上品で複雑な香りを醸し出すスーパープレミアム品。クラウン・ローヤルよりもやや縦長のボトルデザイン。

上質で落ち着いたひとときを過ごすのにぴったり。

クラウン・ローヤル

「SEAGRAM'S VO」

シーグラム・VO（40度）

カナダを代表するウイスキーのひとつ

ライ麦とトウモロコシを主体に蒸留した原酒を６年以上熟成させたもの。口あたりよく、さらっとしたのどごしで、軽やかで飲みやすい。20世紀の初頭につくられた銘柄。

ラベルには、大きくＶＯの金色の文字がプリントされている。代表的なカナディアン・ウイスキーのひとつだ。

アルバータ・プレミアム

「ALBERTA PREMIUM」

アルバータ・プレミアム（40度）アルバータ・スプリングス10年（40度）

カナダ産のライ・ウイスキーならこれ

素朴なライ・ウイスキーの特徴を備えた軽い味わい。アルバータ・プレミアムは５年熟成。アルバータ・スプリングス10年は長期熟成を経て口あたりはマイルド。

ウイスキーコラム

スコッチとバーボンのチェッカー対決

グレアム・グリーンの小説を映画化した「ハバナの男」で、ウイスキーが重要な立ち回りを演じている。

イギリスの実直な男がキューバのハバナでスパイ合戦に巻き込まれる。

命を狙われた男は、地元の警部とチェッカーの一騎打ちをすることになった。その駒はすべてウイスキーのミニチュアボトル。とった駒は飲み干さなくてはならないルールだ。男はスコッチ、警部はバーボンのボトルで対決する。

男はわざと負け、警部はとったウイスキーを飲み続けるハメになり、ついにダウンする。男は酔いつぶれた警部のピストルを拝借して、窮地を脱するというオハナシ。

ミニチュアボトルのチェッカー、ちょっとやってみたらいかが?

第4章

ジャパニーズ・ウイスキー

—日本人の口にあう、きめ細やかな味わい—

伸びやかで繊細なジャパニーズ

スコッチを手本に日本らしさを追求した

ウイスキーを飲み慣れていない人でも、日本のウイスキーのブランド名は、コマーシャルなどでよく知っているだろう。

国産ウイスキーにも本家イギリスと同じように、モルト・ウイスキーとブレンデッド・ウイスキーがある。飲み口としてはスコッチによく似ているが、日本人向けに、スコッチよりもスモーキーな香りを抑えているほか、水割りにしても風味が崩れないのが特徴だ。

国産ウイスキーの第１号は、サントリーの前身、寿屋《ことぶきや》が１９２９年に発売した「白札《しろふだ》」。その後、東京醸造が「トミー・ウイスキー」を発売したが、１９５５年に姿を消している。１９４０年にはニッカウヰスキーが誕生。さらに第二次大戦後に、東洋醸造（現・旭化成）、大黒葡萄酒（現・メルシャン）、１９７４年にはキリン・シーグラムも参入、色とりどりのウイスキーがそろっている。

ジャパニーズ・ウイスキーは、歴史がまだ浅いため、世界的な知名度は高くない。しかし日本独自のテイストをもつ、質の高いウイスキーとして、着実に評価が高まっている。

水割りにしても香りがたつ

日本流の水割りを楽しむ

日本で水割りといえば、グラスに氷とウイスキー、水を好みで入れて混ぜたもの。ところが、海外で水割りというと氷は入れない。賛否両論あるが、どちらの飲み方でもいいと思う。

ジャパニーズ・ウイスキー（とくにブレンデッド）は水割りにあうようにつくられるものが多い。また、日本は湿度が高いため、氷が入ったほうが飲みやすいともいえる。

ただ、冷たくなると香りがたちにくくなる。シングル・モルトをはじめ、香りを楽しみたいときは氷を入れないほうがいいだろう。

ジャパニーズ・ウイスキーのタイプを知る

モルト・ウイスキー

原　料　大麦麦芽。

製造法　単式蒸留器で2回蒸留し、オーク樽で熟成させる。

味わい　スコッチに似ているが、煙っぽさが抑えられていて飲みやすい。

グレーン・ウイスキー

原　料　トウモロコシなどの穀物。

製造法　連続式蒸留機で蒸留し、オーク樽で熟成させる。

味わい　個性はあまりなく、主にブレンドに使う。

ブレンデッド・ウイスキー

製造法　モルト・ウイスキーとブレンデッド・ウイスキーをブレンドする。

味わい　スコッチよりもくせが抑えられ、ソフト。伸びやかな香りがあり、水で割っても香味が壊れにくい。

日本の主な蒸留所

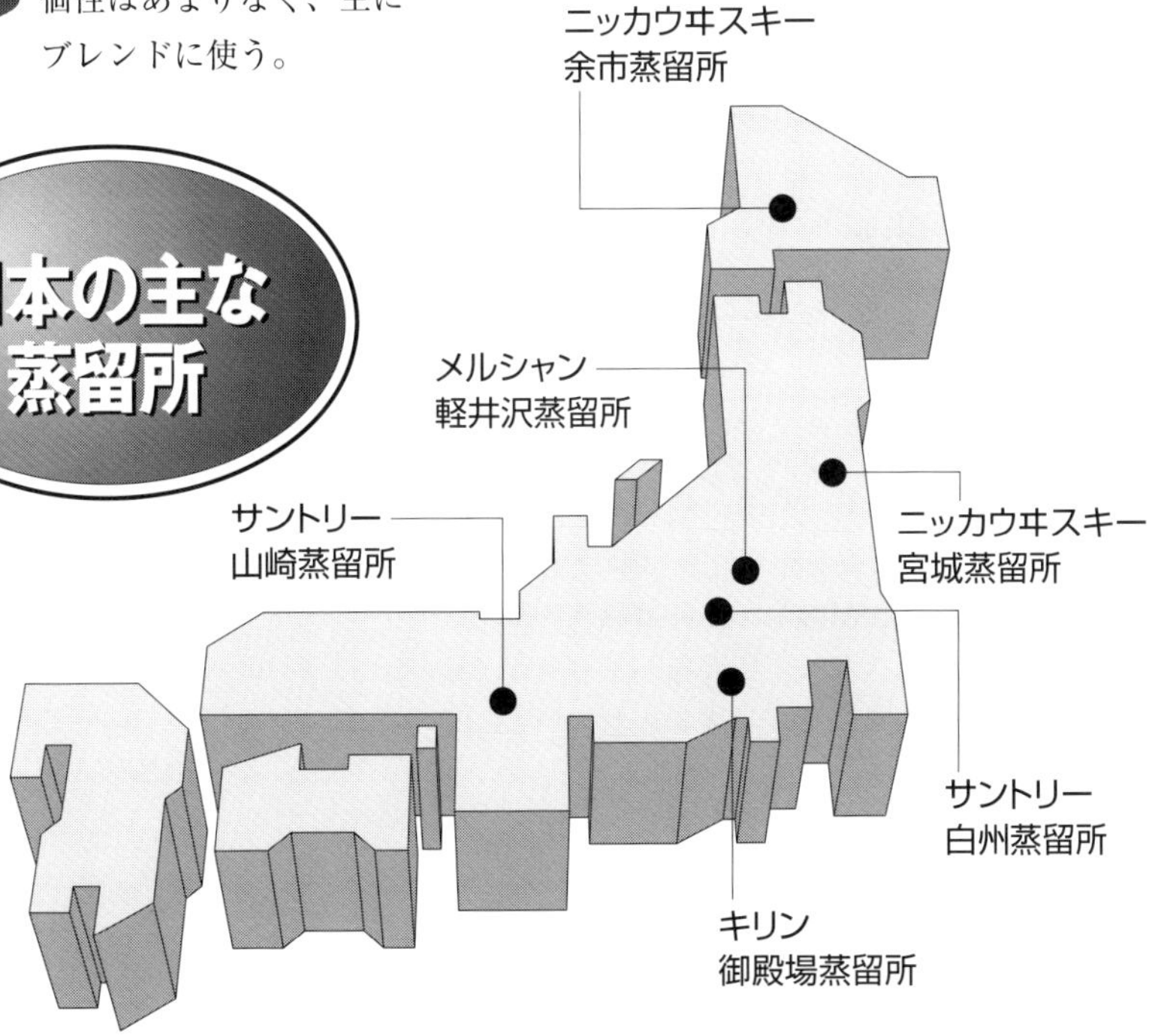

山崎

香り高く伸びやかな日本を代表するモルト

木樽の香りとほどよいスモーキーな香り、ほのかに甘い丸みのある味わいが心地よいシングル・モルト・ウイスキーだ。

山崎はアイラ・モルトに通じる香り高いウイスキーなので、飲み慣れない人は、水を少し加えたほうがおいしく飲めるかも。

1923年（大正12年）、サントリーの前身、寿屋の創始者・鳥井信治郎氏は、本格的なウイスキーづくりに情熱を傾け、蒸留所に適した土地を求めて全国各地を探し回った。その結果、京都の南西にある山崎の地に蒸留所を設立した。山崎は、千利休が茶室を構えたことでも知られており、水質がよかったのだ。この山崎蒸留所でつくられたモルトを原酒として、国産初のウイスキー「白札」が生まれた。

国産ウイスキー発祥の地、山崎蒸留所の竣工60年を記念し、モルト・ウイスキーとして登場したのが「山崎12年」だ。

12年以上の秘蔵モルト樽のなかから厳選して瓶詰めしたものだけに、味わいは世界でも高い評価を得ている。日本のウイスキーの歴史に思いをはせながら、杯を傾けたい。

メーカーによって表現が違うことも

ピュア、シングル、ヴァッテッドの違い

ピュア・モルトという表現が使われることがあるが、これとシングル・モルトとはどこが違うのか疑問に思う人もいるだろう。

日本のウイスキーで使われるピュア・モルトという言い方は、シングル・モルトと同じ意味に用いられていることもある。

一方、メーカーによっては、ヴァッテッド・モルト（P169参照）と同じ意味で使っていることも多い。

飲む前に、確認してみると、知識とともにウイスキーの楽しみも増えるだろう。

今夜の一杯はコレ!

サントリーシングルモルト山崎12年

「YAMAZAKI」

サントリーシングルモルト山崎10年（40度）

サントリーシングルモルト山崎12年（43度）

酒類国際コンテスト「インターナショナル・スピリッツ・チャレンジ2003」で日本初の金賞を受賞した。樽の香りに日本が感じられると評価されている。

サントリーシングルモルト山崎18年（43年）

サントリーシングルモルト山崎
シェリーウッド1983（45度）

1983年に蒸留された限定生産品。シェリー樽で熟成させた香り高い甘さがある。

サントリーシングルモルト山崎25年（43度）

サントリー創業100周年を記念してつくられた限定品。25年以上熟成させた原酒を使っている。

3つのポイントが山崎の名水を保証する

名水100選

天王山のふもとにある「離宮の水」は全国名水100選のひとつ。山崎の仕込み水も同じ天王山を源とする水。

利休の茶室

山崎は古くは「水生野（みなせの）」とよばれた名水の誉れ高い地。茶人千利休は茶室「待庵」を建てた。

博士のお墨付き

スコットランドのウイスキー専門家ムーア博士に水質検査を頼んだところ、仕込み水に最適と返事がきた。

白州

南アルプスで生まれた山の風味

オレンジやグレープフルーツなどの果実香があり、口あたりがさっぱりし、上質な辛口の白ワインに似たおもむきがあるといわれる、飲みやすいシングル・モルト・ウイスキーだ。

山崎蒸留所を建設してから50年経った1973年（昭和48年）、サントリーの第2の蒸留所として、南アルプスの甲斐駒ヶ岳のふもとに開設したのが、白州蒸留所。

白州は、南アルプスの花崗岩をくぐってきた水がつくる白い砂の扇状地で、ミネラルがバランスよく整った名水が生まれる地。その水を使い、昔ながらの木桶で麦芽を発酵させ、直火の釜でじっくり蒸留するという、ていねいな製法で生まれたのが白州だ。

まろやかで伸びやかな山崎に対し、白州は繊細でさっぱりとした飲み口と、それぞれ個性が異なる。飲み比べてみると楽しい。

まずはストレートで飲んでみて、その後水で割って飲んでみるといい。白州は、水で割ったりソーダを加えて飲むと、風味はそのままで、よりまろやかなのどごしになり、さらにおいしく味わえる。

「HAKUSHU」

サントリーシングルモルト白州10年（40度）
フルーティーで涼やかな風味がある。口に含んだときに、軽すぎず、重すぎず、適度な重厚感がある。

サントリーシングルモルト白州12年（43度）
雑味成分を取り除く特別な装置を使うため、クリアですっきりした味わい。熟成樽と貯蔵庫を囲む森の影響のせいか、木香がほどよくついている。スモーキーフレーバーもほのかに感じられる。

サントリーシングルモルト白州10年

天然の２大要素で白州が生まれる

アルプスの天然水

白州の味わいをきめる仕込み水は、甲斐駒ヶ岳から雪解け水が流れる尾白川の水。全国名水100選のひとつ。

冷涼多湿な森

涼やかな風味の一因は、熟成環境。白州が成熟されるのは、冷たく澄んだ空気と適度な湿度がある森のなか。

つまみができるまでちびちびと飲みはじめてようか
このコップでいい？
たまには外で飲むのも気持ちがいいもんだね

出身地が同じものは相性がいい

森のウイスキーで森を食す

バーや自宅で１日の終わりをウイスキーと過ごすのも素敵だが、太陽のもとで飲むウイスキーもうまいものだ。

とくに白州のように森の香りを吸い込みながら熟成した涼やかなウイスキーは、アウトドアで味わうのもいいものだ。

森の空気をつまみに一杯やるのもいいが、森のウイスキーをより楽しむなら、つまみに森の恵みのものもいい。

たとえば白州なら、尾白川の川魚を焼いたものやキノコの炒め物など。白州が熟成された場所でとれたものなら最高に合うはずだ。

トリスウイスキー

戦後の洋酒ブームの火付け役

少し甘みのある、ライトですっきりした味わいのブレンデッド・ウイスキー。ある年齢以上の人なら、懐かしさを覚えるに違いない。トリスウイスキーといえば、戦後の洋酒＝ウイスキー・ブームに火をつけた超有名ブランドだ。その誕生は、偶然だったといわれる。

１９１９年、サントリーの鳥井信治郎氏が、古い葡萄酒の樽に詰めたまま放置してあったリキュール用のアルコールを飲んでみたところ、「うまいッ！」。長い歳月の間に、コクのあるまろやかな琥珀《こはく》色の液体に熟成していたのだ。この樽のウイスキーを、「トリス」と名づけて売ったところ、あっという間に売り切れてしまった。このときに鳥井氏は、ウイスキーづくりへの強い思いを抱いたといわれる。

本物のウイスキー原酒を使った新生「トリス」が発売されたのは、終戦翌年の１９４６年。深刻なモノ不足のなか、〝酒まがい〟のものでのどをいやしていた庶民に、新しい時代への夢と希望を与えたのが、トリスだった。そして高度成長時代には、日本の洋酒ブームを支えたトリス。現在も、庶民の夢をのせて、強く生き続けている。

今夜の一杯はコレ！

「TORYS」

トリスウイスキー（37度）
「うまい、やすい」のキャッチフレーズのとおり、すっきりしたうまさは依然人気がある。

トリスウイスキー　スクエア（37度）
洗練された四角いボトル。くせが少なく飲みやすくつくられている。

トリスウイスキー

サントリー創業者の名前〝鳥井さんの〟という意味で
トリスという名がついたのです

アンクルトリスは愛妻家

CMなどで有名なキャラクター、アンクルトリスについて、サントリーが公表しているプロフィールのいくつかを紹介する。

- ★ 昭和33年生まれ
- ★ 座右の銘は「普通」
- ★ 少しエッチで女好き
- ★ 草野球が趣味
- ★ 妻は和服美人

飲むとだんだん赤くなるアンクルトリスのアニメ
あのキャラクターもウケたんですよね

酒を飲むと名文句が浮かぶのか

宣伝がウイスキーを身近なものにした

「うまい、やすい」「トリスを飲んで人間らしくやりたいナ。人間なんだからナ」「行きたいやつは行っちまえ、俺はやっぱりトリスを飲む」「トリスを飲んでHAWAIIへ行こう！」などのキャッチコピーに聞き覚えのある人は多いだろう。

いずれもサラリーマンの気持ちに寄り添った名文句だ。宣伝につられて、ウイスキーに手を伸ばした人も多かったはず。

これらの名文句を生んだ宣伝部は、開高健（芥川賞作家）や山口瞳（直木賞作家）、アンクルトリスを描いた柳原良平らを輩出している。

角瓶

長寿な人気は亀甲模様に約束されていた？

ピリッとした辛口の舌ざわりと深いコクのあるブレンデッド・ウイスキー。アルコールが好きな人なら、飲んだことのない人はまずいないだろうと思われるほど、長い間日本人に親しまれているブランドだ。

誕生したのは昭和12年。国産ウイスキー第1号「白札」も、次に発売した「赤札《あかふだ》」もまったく売れず、経営危機に陥った寿屋（現サントリー）創業者の鳥井氏は、山崎蒸留所で熟成しつつあった原酒を使い、ブレンド・ウイスキーをつくることを決意。日本のスコッチ通の利き酒名人3人にも試作品ができるたびに品評してもらい、数年の後、ついに3人が首をたてに振るものができあがった。それが角瓶だった。

日本人向きにまろやかな味に仕上げたこともあるが、角瓶が売れたことには、亀甲模様の美しいボトルの魅力も一役買っているだろう。このデザインは、悩んでいるデザイナーに、鳥井氏が薩摩切り子の香水瓶を差し出したことから生まれたといわれる。

角瓶はニックネームにすぎず、ブランド名はなかった。そのボトルデザインから、愛好者の間でいつしか角瓶とよばれるようになったのだ。

「KAKUBIN」

サントリー角瓶（40度）
まろやかで、後口すっきり。ラベルは黄色。

サントリー白角（40度）
さらっとした辛口で、焼き魚や刺身などにあう。ラベルは白。

サントリー味わい角瓶（40度）
ソーダ水やペリエで割って、フライやてんぷら、ギョウザなどにあわせてもいい。脂っぽくなった口をさっぱり流してくれる。ラベルは黒。

四角いボトル
寸胴な四角いボトルは、あまりみかけない形状。暖かみがある。

亀甲模様
ボトル全体に、亀の甲型の六角形のカットが施されている。万年といわれる亀の長寿にもあやかる、日本らしいデザイン。

サントリー角瓶

高級ウイスキーといえばオールドだった

角瓶誕生から3年後の昭和15年、「サントリー・オールド」が発表された。ところが、戦争のために実際の発売は10年ほど遅れた。

発売後は、国産の高級ウイスキーとして不動の地位を確立。世のお父さんたちのあこがれのウイスキーになった。高度成長とともに、ちょっとぜいたくな酒から、徐々に身近な酒になったが、発売50年を超える今も愛されているロングセラーブランドだ。

黒く、ボテッとしたボトルデザインから、「だるま」「黒丸」、関西では「タヌキ」などの愛称でもよばれている。

響

世界を舞台にする国産ウイスキーの最高峰

　グラスから少し口に注ぐと、しっかりとしたボディが舌に心地よく、香り高く、しかも軽やかな華やかさが口中に広がる。コクと深みのある、じつに味わい深いブレンデッド・ウイスキーだ。

　響は、１９８９年、サントリーが創業90周年を記念して、誇りと自信をもって世に出した高級ブランド。山崎蒸留所の原酒を中心に、30数種類ものモルト・ウイスキーを選び、複数のグレーン・ウイスキーとブレンドしている。モルトもグレーンも17年以上の熟成品だ。

　貯蔵庫に眠る原酒は、毎年ブレンダーによってテイスティングされるが、そのときに「これはよい」と思われるものが、響用に大切に育てられるという。厳選された原酒だけがブレンドされることで、響の重厚な味わいがかもしだされているのだ。

　山崎蒸留所の22年ものを中心にブレンドした「響21年」、さらには30年熟成以上のものをブレンドした「響30年」と、超高級品もそろっている。これらは、大正時代から開拓されてきた、国産ウイスキーの歴史の結晶といえる。

人と自然が響きあうから「響」なんだ

美しいパッケージは細やかさがきめ手

　響は､24面カットのデキャンタボトルだが、この24は、１日の24時間や、陰暦での立春、夏至などの24節気をあらわし、自然と人がともにした貴重な時間の流れを象徴しているのだという。

　ラベルの紙は、和紙デザイナー堀木エリ子氏による手漉《す》きの越前和紙。そこに鮮やかに書かれている「響」の筆文字は、書家・グラフィックデザイナー荻野丹雪氏の手によるものだ。

　味だけでなく、あらゆる面でこだわっているのも、長い歴史に培われた自信と誇りのあらわれといえるだろう。

今夜の一杯はコレ!
響
SUNTORY
WHISKY
17
サントリー響

「HIBIKI」

サントリー響（43度）
17年以上熟成された原酒をブレンドしている。

サントリー響21年（43度）
黒地のラベルが目印。

サントリー響30年（43度）
国産初の30年熟成もののウイスキー。30面カットのクリスタルボトル。

使われている主なモルト

山崎（P138参照）

白州（P140参照）

*山崎、白州ともブレンド用にさまざまな種類や熟成年の樽をもつ。

響のブレンドは
樽の種類や熟成年、
銘柄の異なる
33～39種の原酒
が紡ぐ
ハーモニーなのです

余市

スコッチを目指したこだわりの味わい

重厚でコクのある味わいは、本場スコットランドのシングル・モルトにけっしてヒケをとらない高い品質だ。

余市は、ニッカウヰスキーの創業者、竹鶴政孝氏の情熱の賜としてつくり上げた、北海道余市の蒸留所から生まれる。竹鶴氏は、ウイスキーに魅せられてスコットランドに留学、製法を学んで帰国すると、寿屋に入り、山崎蒸留所の設計と総指揮をとり、国産ウイスキーづくりの基礎をつくった。しかし自分が追い求めるウイスキーづくりを実現させるために独立、北海道の余市に蒸留所を設立した。

竹鶴氏の情熱は、スコッチ・ウイスキーに負けない本物のウイスキーをつくり上げることだった。あくまで質にこだわったため、戦後は他社より高い値段となり、なかなか売れない時期もあったが、頑固に質にこだわり続けたという。高度成長期になると、そのこだわりが認められるようになり、ニッカはサントリーと肩を並べるまでに成長したのだ。

余市は、ニッカ創業者の情熱と夢が詰まった、極上のシングル・モルト・ウイスキーなのである。

今夜の一杯はコレ!

「YOICHI」

シングルモルト余市10年（45度）

シングルモルト余市12年（45度）

シングルモルト余市15年（45度）

シングルモルト余市20年（52度）

厳しい自然のなかで勝ちとったまろやかさがにじみ出ている。

シングルモルト余市10年

北海道の余市は
竹鶴氏が
ウイスキーづくりを
学んだ
スコットランドの
気候、風土に
よく似ている

口あたりの
やわらかさ
も特徴だよ

ニッカ第2のシングル・モルト宮城峡

ニッカウヰスキーが北海道余市についで、第2の蒸留所を建てたのは、宮城県仙台市。この地を竹鶴氏は宮城峡と称し、蒸留されたウイスキーには「シングルモルト宮城峡」と命名した。

宮城峡は余市と比べるとおだやかで繊細な味わいが特徴。

10年熟成のもの、12年もの、15年ものの3種類があり、今後が期待されるモルト・ウイスキーだ。

シングル・モルトのほか、鶴をはじめ、ニッカウヰスキーのブレンデッドの原酒にもなっている。

ブラックニッカ

ヒゲのブレンダーが誇る軽やかな味

軽やかな味と飲み口で、多くの人に親しまれているブレンデッド・ウイスキー、通称「ヒゲのニッカ」。すっきりとした風味は、独特の香りのもとであるピートを、あえて使わないことで生まれている。

ブラックニッカは、昭和40年生まれ。日本ではじめて、国産グレーン・ウイスキーをブレンドしたウイスキーとして発売された。「特級もしのぐ一級」というキャッチフレーズで、またたく間に家庭やバーに浸透していった。

ところでラベルに描かれたヒゲの人物、一見王様がウイスキーを飲んでいる図のように思えるが、よくみると片手に大麦の穂を持っている。じつはこの人物、ウイスキーのブレンダーを描いたもの。

案は、ニッカの創始者・竹鶴政孝氏だ。彼は常々、ブレンダーの役割がいかに大きいかを語っていた。そこでブレンダーの理想像を描き、それを〝キング・オブ・ブレンダーズ〟とよぶようになったという。片手に持った小さいグラスは、ウイスキーを飲んでいるのではなく、テイスティングをしていることになる。

うん
うまい
ブレンダーの
気合が
伝わってくるぜ

今夜の一杯はコレ!
BLACK
NIKKA

「BLACK NIKKA」

ブラックニッカ・クリアブレンド（37度）
ピートを焚かないためスモーキーさが抑えられて、クリアで飲みやすい。

ブラックニッカ・スペシャル
昭和40年発売。

ブラックニッカ8年（40度）
8年以上熟成させたモルトとグレーンをあわせたなめらかな味わい。

キャラクター
理想的なブレンダーの王様「キング・オブ・ブレンダーズ」

使われている主なモルト
余市（P148参照）
宮城峡（P149参照）
＊余市、宮城峡ともにブラックニッカ8年の主要モルト。

ブラックニッカ・クリアブレンド

鼻がいいだけではなれないよ

ブレンダーの3つの仕事

ブレンダーの仕事は多岐にわたるが、次の3つに大別できる。

ひとつ目は、数百にのぼる原酒の管理。味見や在庫の確認のほか、将来を見据えて、どの樽をどのくらい寝かせるか、今後どんなものを増やすべきかなどを考える。

ふたつ目は、すでに世に出ているブレンドの味わいを一定に保つこと。熟成年による原酒の微妙な違いや、手に入らなくなった原酒など、毎年異なる条件を乗り越え、変わらない味をつくる。

3つ目が、時代の変化にともなう、新しいブレンドの開発だ。

鶴

贈答用にも喜ばれる豪華なボトル

深い琥珀《こはく》色の液体をグラスに注ぐと、ふくよかな香りがのぼりたち、高級ブランデーのようなまろやかな飲み口。その芳醇な味わいに、ひとときの安らぎを感じる。さすが最高級ブレンデッド・ウイスキーと称するに恥じない、重厚な味わいだ。

ブランド名は、ニッカの創始者・竹鶴政孝氏からとったもの。ボトルに描かれたレリーフは、竹鶴家に伝わる「竹林に遊ぶ鶴」という屏風《びょうぶ》絵をモチーフにしたものだ。

竹鶴氏は、ウイスキーの本質はモルト・ウイスキーにあると信じ、余市と仙台に蒸留所を建設し、理想のモルトづくりを行なってきた。なかでも余市は、海外の評論家から「世界の6大モルトのひとつ」との高評を得ている。この余市と宮城で大切に育てられたモルト・ウイスキーをベースとして、グレーン・ウイスキーと絶妙のバランスでブレンドされた鶴は、創始者竹鶴氏の夢を具現化したものといえるだろう。

鶴をイメージした形の、格調高い陶器入りは、贈答用にも喜ばれる豪華タイプ。

ニッカは略称だったんだね

ニッカウヰスキー登場の陰にジュース

ニッカウヰスキーは、大日本果汁株式会社というジュースづくりの会社としてスタートした。ウイスキーは仕込んでから樽で何年も寝かせるので、事業をはじめたからといってすぐには売れない。

そこで中継ぎとして、日本初の天然リンゴジュースを発売したというわけ。いまでこそ無添加天然果汁は当たり前だが、当時は一般的でなく、酸味の強いリンゴジュースはあまり売れなかったという。

創業6年後、ウイスキー第1号が商品化されたとき、大日本果汁の略称“日果”から、ニッカブランドが誕生したのだ。

「TSURU」

鶴（43度）

熟成15年から20年の余市や宮城峡のモルト・ウイスキーにグレーン・ウイスキーをブレンドしてある。

イラストのような白い陶器に入ったボトルのほかに、鶴の一字が大きく書かれたラベルが貼られたスリム・ボトル入りもある。

長期保存が気楽にできて、好きなときに好きなように飲めるウイスキーは贈答用にぴったり。量より質でプレゼントしたい。

そのほかのニッカウヰスキー

キングスランド（43度）

豊かなコクが広がる

モルト原酒とグレーン原酒をほぼ半量ずつブレンドしたもの。ニッカ創業40周年の記念に発売された。

スーパーニッカ（43度）

水割りにしてもコシがある

なめらかで飲みやすい口あたり。1962年発売のニッカのベストセラー商品。

ザ・ブレンド（45度）

モルトの個性が強く出る

モルト原酒をベースにしてつくられているため、香りや味がはっきりあらわれてくる。45度とアルコール度はやや高め。

軽井沢

避暑地・軽井沢でゆったりと熟成が進む

フローラルな香りと、しっかり熟成した豊かな味わいをもつ、ぜいたくなモルト・ウイスキーだ。

メルシャンの前身・大黒葡萄酒がウイスキーづくりをはじめたのは、1952年。当初は塩尻で行なわれていたが、さらによい環境を求めて白羽の矢をたてたのが、同社のもつ軽井沢農場だった。ここではワインづくりが行なわれていたのだが、浅間山からの雪解け水や冷涼な気候、樽に適度な湿度を与える霧など、ウイスキーづくりに最適な自然環境だったのだ。さらに木造の貯蔵庫をツタがおおう。このツタが、夏の強い太陽光をやわらげ、極端な温度変化を防いでくれる。

スコットランドにそっくりといわれるこの地で本格的なウイスキーづくりが始まり、1976年に100パーセントモルト・ウイスキー「ストレート・モルト・オーシャン軽井沢」を発売した。それが軽井沢シリーズの始まりである。通常、蒸留所の名がつくウイスキーはシングル・モルトだが、「軽井沢12年」はヴァッテッド・モルト（169ページ参照）だ。ただ軽井沢シリーズにはシングル・モルトもある。

今夜の一杯はコレ!

「KARUIZAWA」

軽井沢12年（40度）
飲みやすく、やわらかな口あたり。

軽井沢15年（40度）
シェリー樽で熟成させた原酒を中心にブレンドされ、色鮮やかで赤みが強い。

軽井沢17年（40度）
ぽてっとした優雅なボトルが印象的。深いコクのある落ち着いた味わい。

軽井沢17年

そのほかのメルシャンのウイスキー

軽井沢マスターズ・ブレンド10年（40度）

モルトがベースのしっかりした味わい

ブレンデッド・ウイスキー。2002年インターナショナル・ワイン・アンド・スピリッツコンペティションで金賞を受賞している。

軽井沢VINTAGE

熟成年を選べる楽しみがある

1972年～1991年蒸留の20のヴィンテージ（熟成年数31年～12年）から好みで選べるシングル・モルト・ウイスキー。ひとつの樽の原酒だけを瓶詰めするので、熟成年数や樽ごとの個性の違いを楽しめる。

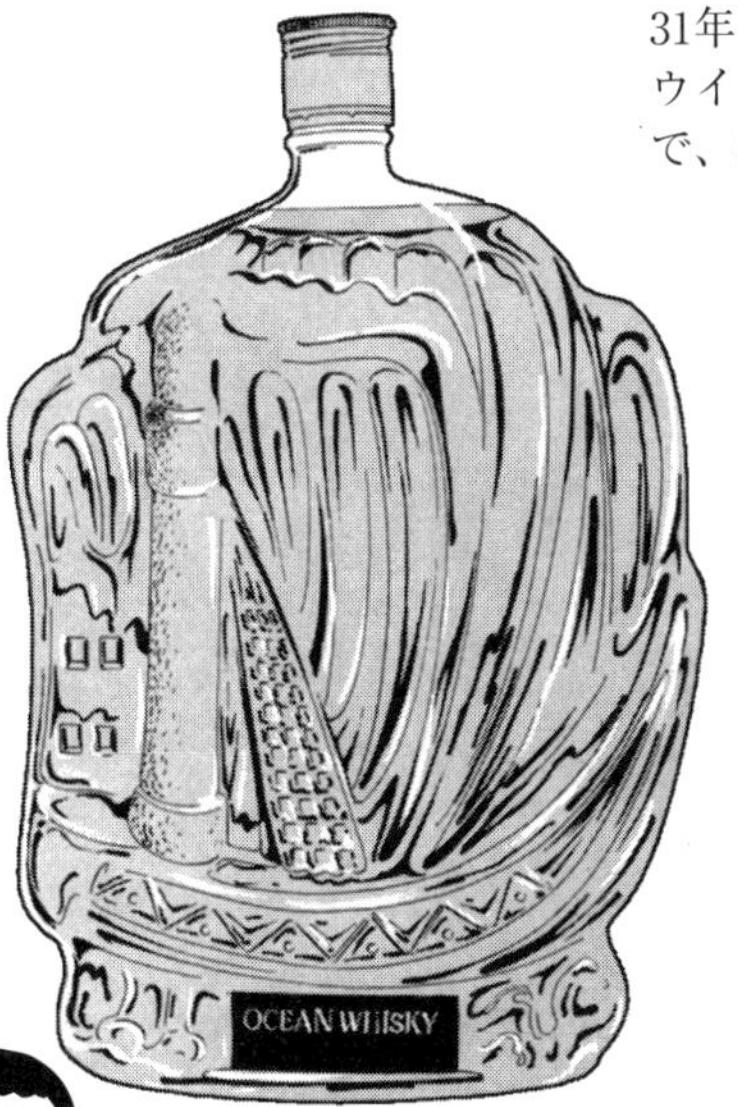

軽井沢オーシャンシップボトル

船のボトルが黄金に輝く

「オーシャン（大海）・ウイスキー」にちなんで、船形のボトルデザインがつくられた。遊び心のある夢の詰まったブレンデッド・ウイスキー。

蒸留所見学をして、ウイスキーを飲む

ウイスキー好きの人のなかには、スコットランドまで蒸留所めぐりにいく人もいるが、彼の地とまではいかなくても、機会があれば日本の蒸留所を訪ねてみるといい。多くは無料で製造工程を案内してもらえるし、なにより自慢のウイスキーを試飲させてもらえるのがうれしい。

蒸留所は、御殿場や軽井沢、甲斐駒ヶ岳のふもとなど、すばらしい自然環境のなかにある。レストランや美術館が併設されているところもある。観光がてら少し足を伸ばして、１日たっぷりと楽しめる。ただし、ドライブがてら訪ねるときは、試飲はご遠慮を、となるのでご注意を。

エバモア

富士の伏流水で仕込んだ透明感のある香り

甘く華やかな果実の香りが鼻をくすぐると、次にウイスキー独特のスモーキーフレーバーが心地よくたち上がる。濃厚な果実香が特徴のエバモアは、キリンがつくり上げたブレンデッドの最高級ブランドだ。

キリンが誇る蒸留所は、富士山麓の御殿場にある。富士山の裾野には、長い年月をかけてつくられてきたミネラルバランスのとれた名水が脈々と流れる。この伏流水は、麦芽に加える仕込み水〝マザーウォーター〟として最適な軟水である。また清涼な気候と澄んだ空気、蒸留所をつくるには、まさにぴったりの土地なのだ。

御殿場蒸留所では、蒸留液のなかでもっとも良質なものだけを使用したり、小さめの樽を利用して樽と原酒がふれあう面積を大きくするなどのこだわりをもってモルト・ウイスキーがつくられている。

こうして富士のふもとで21年以上寝かせた樽のなかから、ブレンダーがその年に最高の熟成と判断したものだけを選び抜いてブレンドしたのが、このエバモアだ。そのため毎年生産される本数には限度があり、限定販売のプレミアム品となっている。

通信販売で手に入るものもある

いろいろな日本の地ウイスキー

国内で小規模生産されている地酒的なウイスキーがある。1941年創業の東亜酒造は、自社で蒸留した「ゴールデン・ホース秩父シングル・モルト」や輸入したスコッチをブレンドした「ゴールデン・ホース武蔵」などを販売している、兵庫県の江井ヶ嶋酒造は「ホワイト・オーク・クラウン」という軽快なブレンデッドをつくっている。

鹿児島の老舗焼酎メーカーの本坊酒造は、信州工場から「マルス・モルテージ駒ケ岳シングル・モルト10年」などを出している。ほかにもいろいろある。旅先などでみかけたらぜひ試してみたい。

今夜の一杯はコレ!

「EVERMORE」

エバモア
2003

エバモア2004（40度）
30年熟成させたモルト原酒がブレンドされている。リッチな熟成香が広がり、余韻が長く続く。

エバモア2003（40度）
1981年蒸留のモルトが中心にブレンドされている。ピート香は控えめ。

エバモア2002（40度）

エバモア2001（40度）
1978年蒸留のモルトが中心にブレンドされている。甘みや厚みのある味わい。

エバモア2000（40度）

シリアルナンバー入り
香水瓶のようなシンプルで洗練されたボトル。限定品ならではのナンバーが裏ラベルに入っている。

そのほかのキリンのウイスキー

ボストンクラブ

豊醇、淡麗の 2 タイプから選べる
コクのある豊醇タイプと、すっきりして食べ物ともあう淡麗タイプの 2 種類ある。

ロバートブラウン スペシャルブレンド

甘くやわらかい味わい
フルーティーな甘さとまろやかさが特徴。

クレセント

40種以上の原酒をブレンド
豊かで華やかな香りがたち上がる。43度のものと、40度のスリムボトルと 2 種類ある。

世界各地のウイスキーめぐり

世界的にはあまり知られているわけではないが、「おや、こんなところで」という場所でもウイスキーはつくられている。

たとえばオーストラリア。口あたりが軽く、さわやかなタイプのウイスキーがつくられている。スコッチ・モルト・ウイスキーとヴァッティングさせたものもある。また、チェコ共和国やドイツでもモルト・ウイスキーなどがつくられている。ベトナムでつくられるものは、メコン・ウイスキーとよばれている。

さらにインド、ニュージーランド、パキスタン、フィンランド、南アフリカのザンビアにも国内産のウイスキーがある。バーなどでみかけることがあったら、試しに飲んでみてほしい。

将来、これらの地域でつくられるウイスキーが台頭し、世界のウイスキー地図が塗りかえられるのかもしれない。

第5章

おいしく味わうための基礎知識

—ウイスキーのつくり方&飲み方—

そのまま飲む
ウイスキーも
いいけれど
たまには
カクテルにして
味わうのもいい

モルトをつくる

専門業者にオーダーメイドで注文する

シングル・モルトもブレンデッドも、基本はベースのモルト・ウイスキーにある。ここでは、モルト・ウイスキーのつくり方をみてみよう。

モルト・ウイスキーの原料は大麦だが、大麦のままでは発酵しないので、まずは種子を水につけて十分に水分を吸わせて、芽を出させる。このときに酵素が生まれて、大麦のでんぷん質を糖分に変えてくれる。

ただ、あまり芽が出てしまうと、今度は芽が酵素をどんどん使ってしまうので、ある程度のところで、発芽を止める必要がある。そこで、今度は乾燥させて、養分となる水分吸収をストップさせる。乾燥するときに使うのが、石炭やピートなどだ。発芽大麦の下で、これらを燃やして、熱風で水分を飛ばす。こうして乾燥させた大麦麦芽を、モルトという。

モルトづくりは、蒸留所で行なうこともあるが、その例はむしろ少ない。多くは、モルトスターとよばれるモルトづくりの専門業者に、好みのモルトを注文する。麦の選択や乾燥の仕方、乾燥の時間、ピートを焚く時間などを細かく指定した、いわばレシピをわたして、オーダーメイドのモルトをつくってもらうのだ。

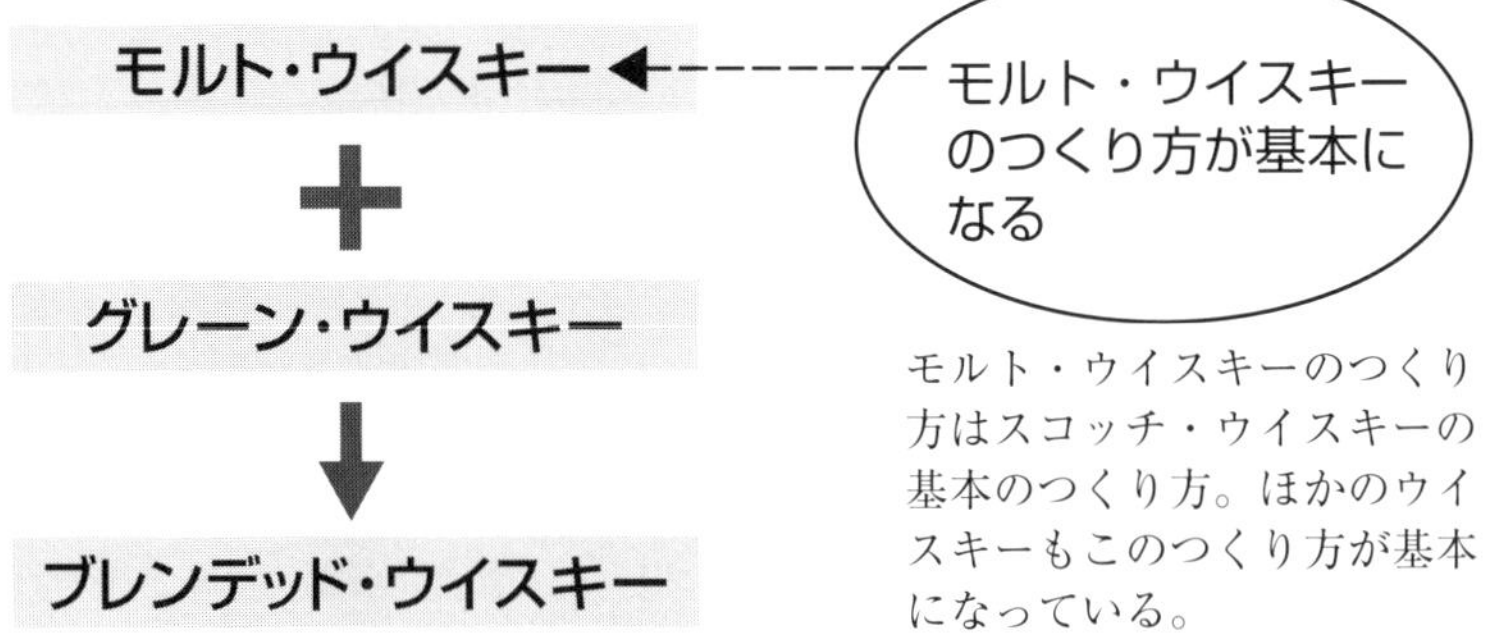

モルト・ウイスキーのつくり方はスコッチ・ウイスキーの基本のつくり方。ほかのウイスキーもこのつくり方が基本になっている。

原料

モルトの原料は二条大麦。でんぷん質が多いため、糖化しやすくウイスキーづくりに適している。

発芽

仕込み水に大麦を浸（浸麦）した後、成長、発芽させる。

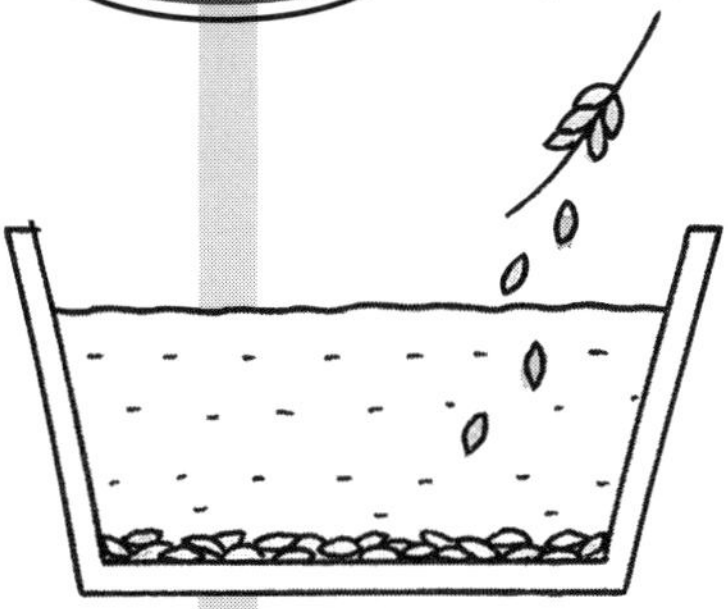

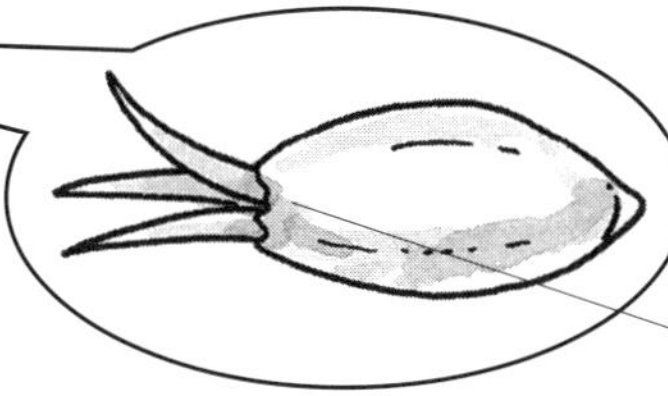

乾燥

いい具合に発芽したら、成長を止めるために、乾燥させて水分を抜く。燃料は石炭のほか、特有の香りがつくピートを焚くところもある。
ここまでの工程は、ほとんどの蒸留所が麦芽づくりの専門業者（モルトスター）に希望の仕上がりを伝えてつくってもらっている。

フロアモルティング
専門業者に頼まず、蒸留所自ら伝統的な手作業で製麦（発芽～乾燥）する（フロアモルティングという）蒸留所もある（P48参照）。

グレーン・ウイスキーの場合は？

原料
トウモロコシや小麦などの穀物。

発芽・蒸煮
麦は大麦麦芽と同じように発芽させる。そのほかの穀物は粉砕して、蒸気圧で蒸煮する。

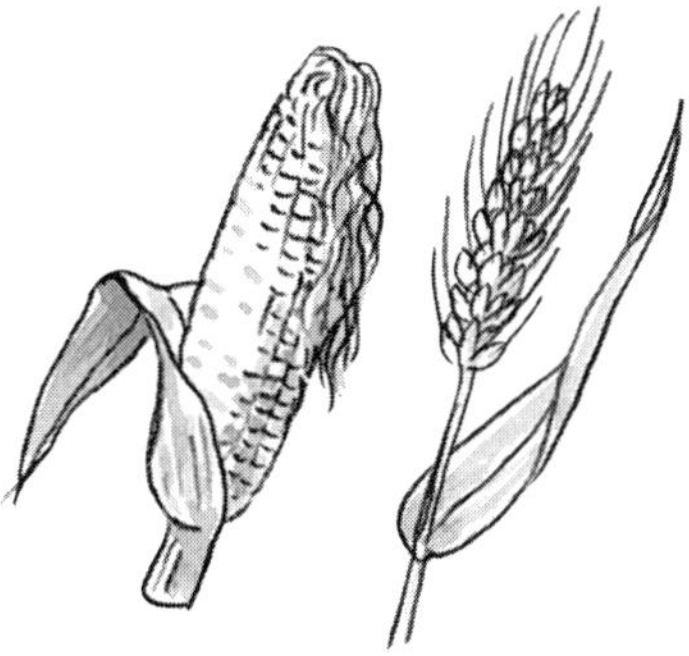

糖化〜発酵

麦ジュースからアルコールへ。空気にふれるほど軽快に

モルトができたら、その糖がたっぷりと含まれた、糖液をつくる工程に入る。

乾燥させた大麦麦芽を粉砕し、お湯を加えると、麦芽に含まれる酵素などが、でんぷん質を糖分に変えてくれる。そしてこれをろ過して、糖液を取り出すのだ。この糖液は、甘い麦ジュースといったところだ。

大麦を発芽させるときの水や、糖化工程で混ぜるお湯（水）の性質が、じつはウイスキーの味自体にかかわってくる。この仕込み水は、〝マザーウォーター〟とよばれるように、ウイスキーを生み出す母なるもの。それだけに、仕込み水選びは、ウイスキーづくりの重要なキーになる。

さて、こうしてつくられた麦ジュースに、今度は酵母が加えられて、いよいよ発酵。このときの酵母の種類や、麦汁がどのくらい空気にふれるかなども、ウイスキーの味をきめる重要なポイントだ。たとえば、空気に多くふれればふれるほど、軽い味わいのウイスキーになる。

ここまでの工程は、ホップを使わないだけで、ビールづくりとほとんど同じである。

ウイスキーは生命の水。元気を与えてくれる。

粉砕

モルトを細かく粉砕する。

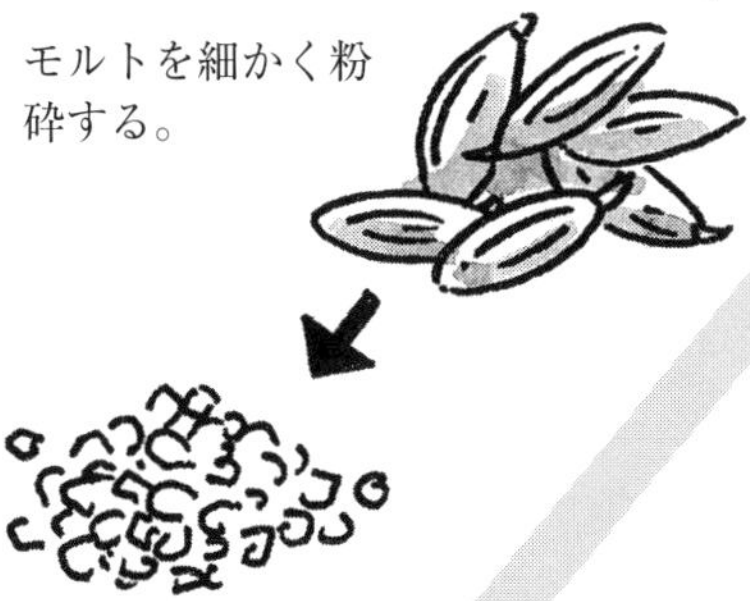

糖化

細かくしたモルトを温水（でんぷんが分解されやすいように、温めた仕込み水）とあわせて糖化槽に入れる。モルトのでんぷん質が糖に変わり、甘い麦汁ができる。

発酵

麦汁をろ過し、発酵槽にうつす。酵母を加えて発酵させる。糖がアルコールに変わる。

もろみ（発酵液）ができる

個性をつくるPOINT

蒸留所により発酵方法が少し異なる。この違いも味をきめるポイント。

- ☆発酵槽の違い（木製、ステンレス製）
- ☆酵母の違い
- ☆発酵時間の違い

グレーンの場合は？

糖化
粉砕した麦やほかの穀物を温水とあわせて麦汁をつくる。

発酵
発酵槽にうつして酵母を加え、発酵させる。

蒸留

ビールと違う、ウイスキーならではの工程

ウイスキーがビールやワインと違うのは、蒸留酒であること。

蒸留とは、異なる成分が混じった液体を熱し、その蒸気を冷やして液体に戻し、ひとつの成分を取り出す方法だ。モルト・ウイスキーの場合は、発酵してどろどろになったもろみ（これをウォッシュという）をポットスチルとよばれる蒸留器に入れて加熱し、気化したアルコールを冷やして、液体に戻す。もろみ成分の多くは、水とアルコールだから、蒸留して得られる液体は、アルコールが濃縮したものとなる。

またもろみには、水とアルコールだけでなく、さまざまな香味成分も含まれている。蒸留器で加熱すると、これらが化学変化して、新たな香味も生まれて、複雑な香りに包まれたアルコールが生まれるのだ。

モルト・ウイスキーづくりでは通常、蒸留が2回行なわれる。蒸留に使われるポットスチルは、1回の蒸留ごとに中身を入れかえるので、単式蒸留器と訳されている。単式蒸留器の形や大きさは、それぞれ異なるが、どれも、100パーセント銅製の手づくり品。銅には、不快な風味や硫黄化合物を除去する働きがあるためだ。

うまいな
うん
うまい
マスター
最高だよ
うま
すぎる
うまい
サケは
人を幸せに
します

蒸留

発酵したもろみ（発酵液）をポットスチル（蒸留器）にうつし、加熱して蒸留する。1回の蒸留（初留）ではアルコール度も低く、味も粗いため、もう一度蒸留（再留）し、70度前後の蒸留液にする。

ポットスチル（単式蒸留器）ランタン型

冷却装置へ

ラインアーム
蒸留器と冷却装置のパイプ。蒸気の通り道。

ネックまたはヘッド
気化したアルコール蒸気の通り道。

スワンネック
蒸留器とラインアームをつなぐ曲線部分。

ボディ
蒸留器の胴体部分。

同じ形のポットスチルはない

ポットスチルは手づくりのため、形や大きさはすべて異なり、それによって蒸留液にも違いがでる。

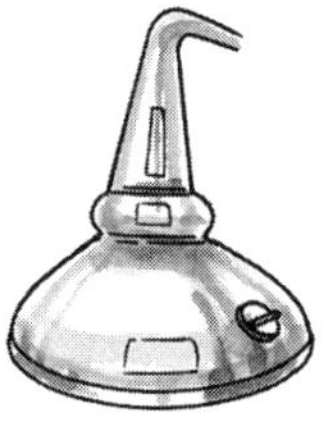

バルジ型
アルコール以外の成分が少なく、すっきりした仕上がりになる。

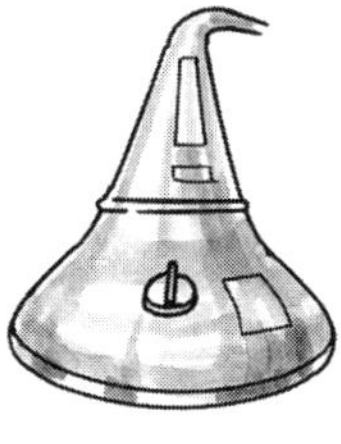

ストレート型
アルコール以外の成分が多めに残る分、複雑な仕上がりになる。

グレーンの場合は？

蒸留
発酵したもろみ（発酵液）を連続式蒸留機にうつして蒸留する。

連続式蒸留機
グレーンの蒸留機は単式蒸留器をいくつもつないだ構造の蒸留機。1回の蒸留で約90度まで濃縮する。軽く、ピュアな仕上がりになる。

熟成

樽のなかで眠るうちに琥珀色に染まる

蒸留によってつくられたウイスキーは、樽熟成にもっともよいアルコール濃度である62～63度に薄められ（加水される）、いよいよ樽に詰められて、長い眠りにつく。このとき使われる樽の材料は、ホワイト・オークときまっている。硬い木のため耐久性があり、ウイスキーに香味を与える成分が豊富なことが、その理由だ。

ホワイト・オーク樽のなかでは、さまざまな変化が起きる。天然木でできた樽は、気温が低いと縮み、気温が高くなると膨張する。いってみれば、樽は呼吸をしているので、それにあわせて樽の香味成分がウイスキーに溶け込んだり、余分な雑味が外にでていく。水と酸素とアルコールが手を結ぶことで、味に丸みがでてくる。また樽に含まれるタンニンの色素によって、美しい琥珀《こはく》色に変わっていくのだ。

樽呼吸のさい、アルコール分も少しずつ蒸発してしまう。これをスコットランドでは、〝天使の分け前〟というロマンチックな言葉で表現している。天使が飲んでしまう分、量は少なくなるけれど、それだけまろやかでおいしいウイスキーに熟していくというわけだ。

日本は
スコッチ同様
Eが入らない

鍵のかかる酒とかからない酒

ウイスキーは、ラテン語の蒸留酒をさす“命の水”をゲール語に訳し、変化した言葉。発音は同じでも、文字に直すとスコットランドでは「ＷＨＩＳＫＹ」とつづるが、アイルランドなどでは「ＷＨＩＳＫＥＹ」。後半のつづりがＫＥＹ（鍵）となるアイリッシュは鍵のかかる酒といわれることもある。バーボンもＥが入る。

ウイスキーの元祖を誇るアイルランドでは、「スコッチとは違うのだ」という意味を込めてＥの入ったつづりを、そしてスコットランドではＥの入らないつづりを採用するようになったという。

樽熟成

蒸留液を熟成に適した62〜63度まで蒸留水または仕込み水で加水してアルコール度を下げる。それをホワイト・オークの樽に詰めて寝かせる。樽の大きさや貯蔵庫により仕上がりが変わる。

熟成による変化

☆まろやかになる
☆香りが生まれる
☆色がつく
☆雑味が薄れる

天使の分け前

熟成中に蒸発して減ってしまった分を職人たちは天使の分け前という。熟成中は、樽の呼吸によって、１年におよそ２〜３%蒸発するのが一般的。

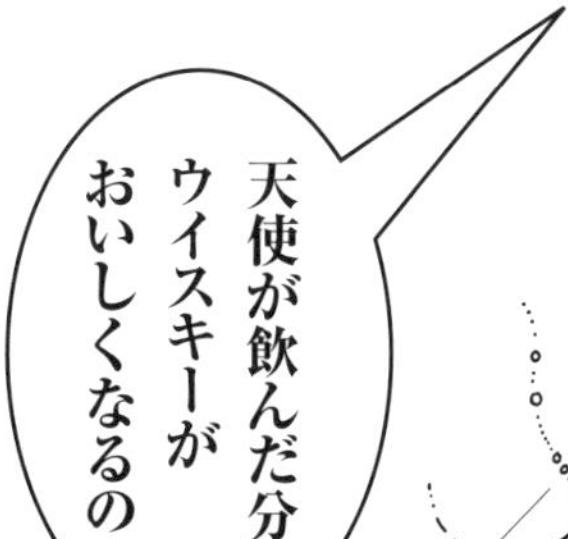
天使が飲んだ分、
ウイスキーが
おいしくなるの

環境を取り込む

熟成により蒸発した分、樽は外気を取り込む。貯蔵庫が山にあれば、周囲の清涼な木や花の香りを取り込み、海の近くにあれば、潮の香りを取り込む。

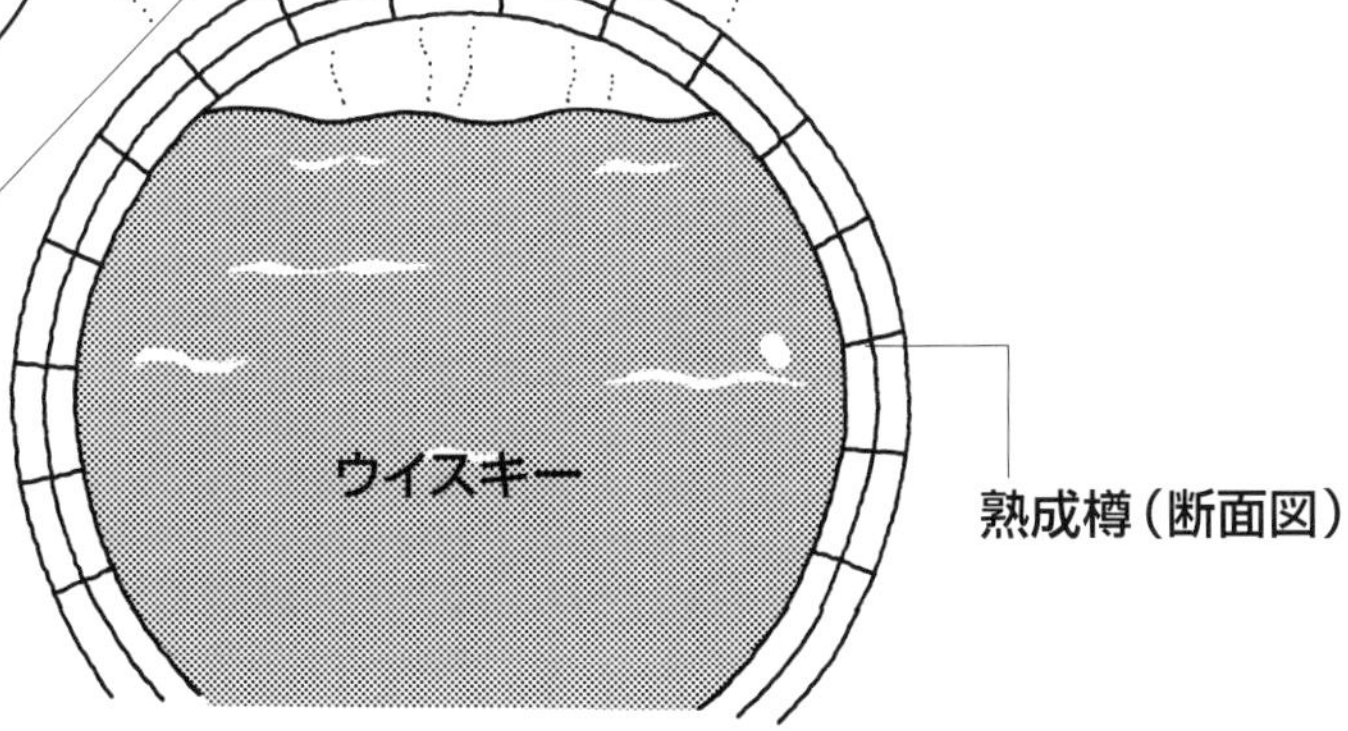
蒸発する
ウイスキー
熟成樽（断面図）

ブレンド～瓶詰め

どんなものを飲み手に届けるか、腕の見せ所

樽で眠る期間は、スコッチなら最低でも3年、10～20年という長期にわたるものも多い。その時期をすぎ、いよいよ目覚めたモルト・ウイスキーが、私たちの口に入るまでの道筋は、いろいろとある。

シングル・モルトとしてそのまま瓶詰めされることもあれば、ブレンデッド・ウイスキーとして使われることもある。シングル・モルトの場合も、シングルカスク（あるいはバレル）といって、ひとつの樽のウイスキーだけ瓶詰めすることもあれば、ほかの樽のものとブレンドすることもある。0度の低温でろ過して、濁りをとりのぞく場合もあるし、蔵出しといって、ろ過を行なわないこともある。

ブレンデッド・ウイスキーとして使われる場合、グレーン・ウイスキーとブレンドした後、もう一度樽に戻すこともある。また、蒸留所のウイスキーとして瓶詰め・出荷されることもあれば、ブレンド用として、ほかの会社に売られることもある。「売る」といっても、買った会社が望む熟成時期まで、貯蔵庫に寝かせておくこともある。

熟成したものをどんな商品にするか、生産者の腕の見せ所だ。

ごたごた言わずに、飲んでみるのがいちばん。おいしかったら、一言「うまい！」で十分だ。

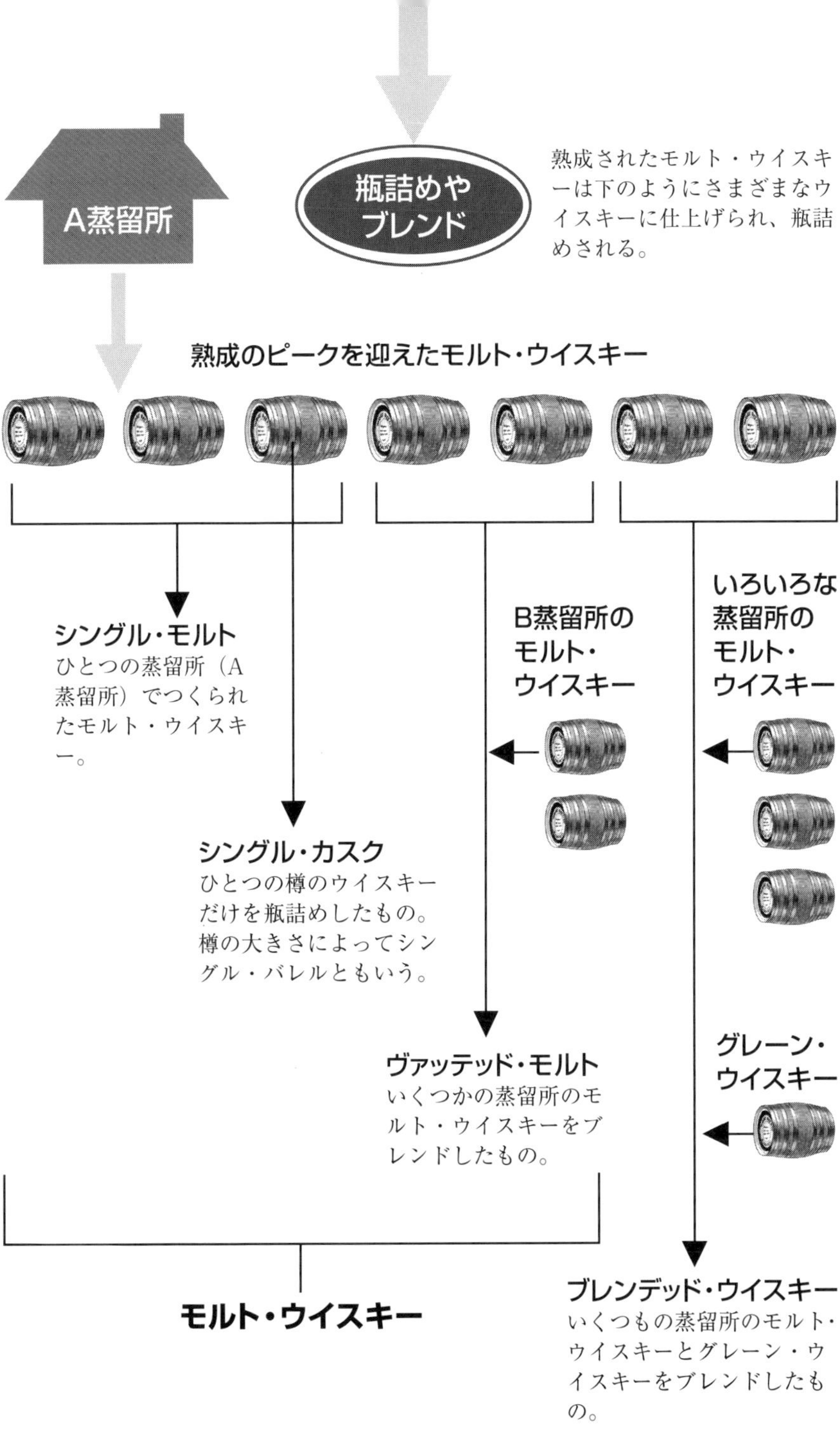
A蒸留所
瓶詰めやブレンド
熟成されたモルト・ウイスキーは下のようにさまざまなウイスキーに仕上げられ、瓶詰めされる。
熟成のピークを迎えたモルト・ウイスキー
シングル・モルト
ひとつの蒸留所（A蒸留所）でつくられたモルト・ウイスキー。
シングル・カスク
ひとつの樽のウイスキーだけを瓶詰めしたもの。樽の大きさによってシングル・バレルともいう。
B蒸留所のモルト・ウイスキー
ヴァッテッド・モルト
いくつかの蒸留所のモルト・ウイスキーをブレンドしたもの。
いろいろな蒸留所のモルト・ウイスキー
グレーン・ウイスキー
モルト・ウイスキー
ブレンデッド・ウイスキー
いくつもの蒸留所のモルト・ウイスキーとグレーン・ウイスキーをブレンドしたもの。

基本の4つの飲み方

シンプルなものほどこだわる

夕食後のくつろぎの時間に、リビングで本を読みながら、あるいはテレビやビデオをみながら、ゆっくりとウイスキーを味わうのは、至福の時間だ。夏の夕暮れなら、ベランダに出て、風に吹かれながらウイスキーを楽しむのもすてきだ。

ウイスキーにルールはない。アルコール度の高いウイスキーは、一般に食後酒のイメージがあるが、食前酒や食中酒として楽しむこともできる。ウイスキーだからとこだわらず、好きなウイスキーと食事メニューとの相性を探してみたらいかがだろうか。

香りや味の個性を楽しむシングル・モルトは、あまりいじらずに飲んだほうがいいが、ブレンデッド・ウイスキーは、いろいろな飲み方ができるのも魅力のひとつだ。ストレートはもちろん、水割りもよし、ロックもよし、ソーダで割るもよし、寒い冬には、ホットウイスキーを楽しんでもいい。

ひとりで飲むとき、恋人と一緒のとき、友人たちと楽しむとき、そして季節ごとなど、その場にあった楽しみ方をみつけてみよう。

酒によって、好みによって、季節によって、体調によって、好きなように飲み方を変えられるのがウイスキーの醍醐味。

「　ストレートのPOINT　」

ほどよく注ぐ
小さめのグラスに３分の１程度のウイスキーを注ぐ。なみなみと注ぐとグラスの上に香りが広がりにくく、また、強いと思っても加水できない。

チェイサーをつける
大きめのグラスに氷とミネラル・ウォーターを入れる。ウイスキーで熱くなった舌やのどをリフレッシュさせる。

チェイサーは水にこだわる必要はない
牛乳やウーロン茶、ビールをチェイサーとして飲んでも構わない（チェイサーとは「後に追うもの」の意）。いろいろ試してみるといい。

「　オン・ザ・ロックのPOINT　」

大きい氷を使う
氷は大きいほうが溶けにくくていい。固い氷を使うようにする。

3口で飲みきれる量を注ぐ
氷が溶けると薄まってしまうので、あまり氷が溶けないうちに飲みきれる程度のウイスキーを注ぐ。

オン・ザ・ロックにチェイサーをつけてもいい

「水割りのPOINT」

氷なしの水割り

冷やしたミネラル・ウォーターで割って飲むだけというのも、氷が溶けて薄まる心配がなくていい。

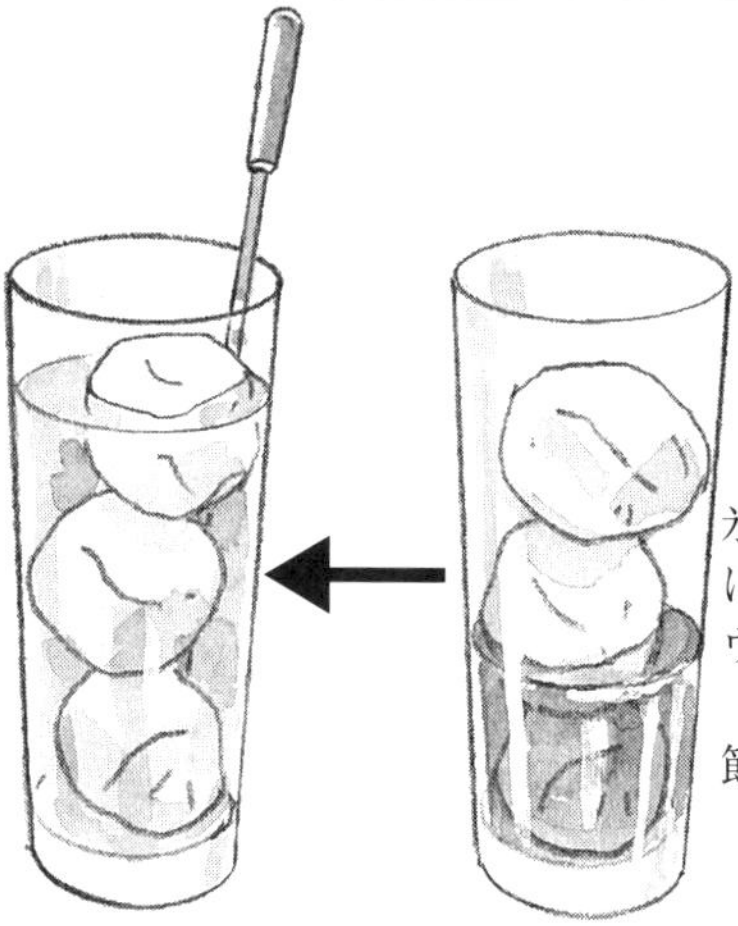
ミネラル・ウォーターを注ぎ、軽くかき混ぜる。
氷を入れたグラスに3分の1程度のウイスキーを注ぐ（割合は好みで調節する）

「　ハイボールのPOINT　」

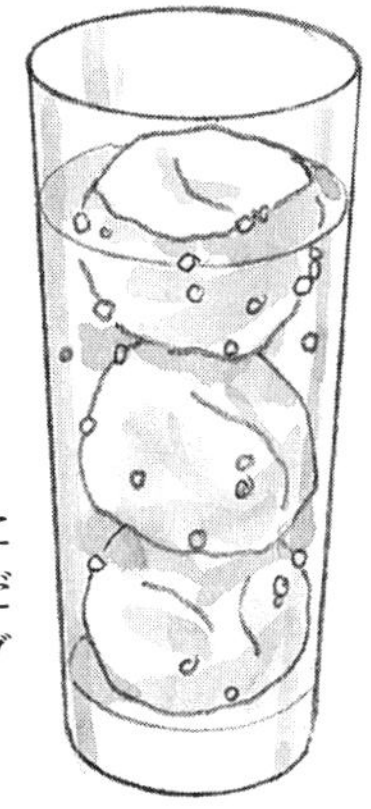

混ぜすぎない
炭酸が逃げてしまうので、あまりかき混ぜないようにする。

水割りと同じように３分の１程度注いだウイスキーにソーダ水を注ぐ。

ソーダ水以外でも楽しめる

ペリエ
発泡性ミネラル・ウォーター。カルシウムが多く、マグネシウムが少ない。さっぱりした味わいで、爽快感が倍増する。

トニックウォーター
ソーダ水にレモンやライムなどの柑橘《かんきつ》系のエキスと糖分をプラスしたもの。無色透明だが、ほのかに爽やかな風味がある。

ウイスキーの楽しみ方いろいろ

「　ウイスキーフロート　」

水とウイスキーが２層に分かれた飲み方。
まず、グラスの半分程度に水を入れ、水面のふちからマドラーなどでウイスキーをつたい入れる。

一口ごとに味わいが変わっておもしろい。

「　トワイスアップ　」

テイスティングにぴったりの飲み方。
ワイングラスのように、口がすぼまっているグラスに、常温のウイスキーと同量の水（こちらも常温）を入れる。

常温で飲むのは、香りを楽しむため。

「　ホット・ウイスキー・トディ　」

ほんのり甘く、温めて飲む方法。
耐熱グラスに少量の湯で角砂糖を溶かす。ウイスキーを注ぎ、湯で好みの濃さに調節し、レモンスライスを浮かべる。

身体が温まってぐっすり眠れる。

うまい水割りをつくる

ちょっとした気配りが味を左右する

せっかく丹精込めてつくられたウイスキーなのだから、飲み方にもちょっとこだわって、よりおいしく味わいたい。

ロックや水割りで飲むのなら、もっとも気を配りたいのが水や氷。もちろん水道水や、家庭の冷蔵庫で水道水を使ってつくった氷は、避けたい。水道水に含まれるカルキが、ウイスキーの味を台無しにしてしまいかねないからだ。

ウイスキーに最適なのは、仕込み水と同じような水だ。スコッチであれば、スコットランドの水で割るのがベストだが、日本ではそうそう手に入らない。しかし幸いなことに、日本のミネラル・ウォーターは、スコットランドの水にかなり近い軟水だ。その点、ヨーロッパ大陸の水は、ミネラル分の多い硬水なので、スコッチにはあまりあわないといえる。

氷は、ウイスキーを冷やすだけでなく、グラスにふれあう涼しげな音も、味を引き立てる大きな要素だ。ウイスキーを薄めてしまわないよう、硬くて溶けにくい氷がベスト。ミネラル・ウォーターを使って家庭でつくるのもいいが、ロックアイスを買ってくるのが便利かも。

これで家でも楽しめるね

家庭で氷をつくるときは…

家で水割りを楽しもうと、ミネラル・ウォーターを用意しても、水道水でつくったカルキ臭のある氷や溶けやすい氷では、味を損ねてしまう。水にこだわったら、氷にも気を遣いたいもの。

まずミネラル・ウォーターを使って、製氷機で氷をつくる。できた氷をビニール袋などに入れ、再び冷凍庫に入れておく。こうしてつくり置きにすると、氷のなかの気泡が減り、硬く締まった氷になる。大きめの密閉容器に水を入れ、冷凍庫で固め、取り出して割ってもいい。

食品の匂いがうつらないよう、冷凍庫内の管理もしっかりしたい。

水に こだわる

うまい、まずいは 水がきめ手

家庭でおいしく飲むには水と氷にこだわることが大切。

水道水ではなく、ミネラル・ウォーターで飲んでほしい。

水 仕込み水と似た水があう

ウイスキーを仕込んだ水（詳細はＰ37参照）と同じくらいの硬度のミネラル・ウォーターなら相性は抜群。日本で手に入る主なミネラル・ウォーターを下に紹介する。参考にしてほしい。

市販の主なミネラル・ウォーター

軟水 ↑ 硬度 ↓ 硬水

- 南アルプス天然水
- 六甲のおいしい水
- ハイランドスプリング
- エビアン
- ボルヴィック
- コントレックス

水割りのコツは
水にあります

氷 大きさ、形を使い分ける

氷の大小や形状によって溶けやすさや冷え方が変わる。飲み方にあわせて使い分けるといい。

ランプ・オブ・アイス
握りこぶしのような丸い大きな氷。溶けにくくみた目も美しい。オン・ザ・ロックに。

クラックド・アイス
３～４センチ程度のかちわり氷。スーパーなどで売っている。水割りなどに。

キューブ・アイス
製氷器でつくるような立方体の氷。水割りなどに。

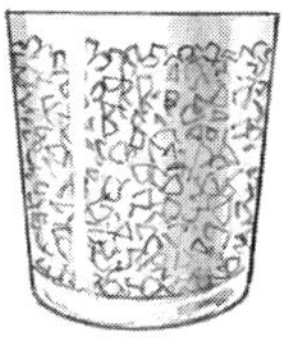

クラッシュド・アイス
細かく砕いた氷。ミント・ジュレップ（P183参照）などキンキンに冷やすときに使う。

グラスで味が変わる

口にあたる部分が薄いほどまろやかに

〝このグラスで飲まなくてはいけない〟というルールはない。好きなグラスで飲んで構わないが、ちょっとこだわることにより、もっとウイスキーを楽しむことができる。

シングル・モルトをじっくりと味わいたいときは、上部が少しすぼまったチューリップ型のグラスを使うといい。グラスのなかにウイスキーの香りが閉じ込められて、香りがより鮮明にわかる。

一般には、ストレートならウイスキー・グラス（ショット・グラス）、水割りにはタンブラー、オン・ザ・ロックで飲むなら背の低いオールド・ファッションド・グラスがあう。

形状だけでなく、グラスの厚みも関係する。薄いグラスのほうが、唇にあたる感触がソフトで、それだけ口あたりがやわらかくなる。また直径が大きすぎるグラスは、口にあたる部分が広く、いきなり大量のウイスキーが入ってしまう。口にあたる部分が狭ければ狭いほど、おいしく飲めるといえる。実際にいろいろなグラスで飲み比べてみると、味わいが変わることがよくわかる。

なんとも
贅沢な
輝きだね

こだわりのマイグラスを探す

いつも自分が飲むグラスこそ、ちょっと贅沢なものを使いたい。

フランスのバカラやサン・ルイ、ラリック、ドイツのマイセンクリスタル、日本のカガミクリスタルなど評判のいいグラスメーカーはたくさんある。いろいろ比べてみたい。

また、スコットランドに本部をおき、世界14カ国に支部をもつウイスキー愛好会スコッチ・モルト・ソサエティのグラスや、ワイングラスで有名なリーデル社の「シングルモルトウイスキー」というクリスタルグラスなどはテイスティングにもぴったりだ。

いろいろなグラス

コリンズ・グラス
タンブラーよりも細身で縦長のグラス。

タンブラー
コップといわれるような縦長のグラス。

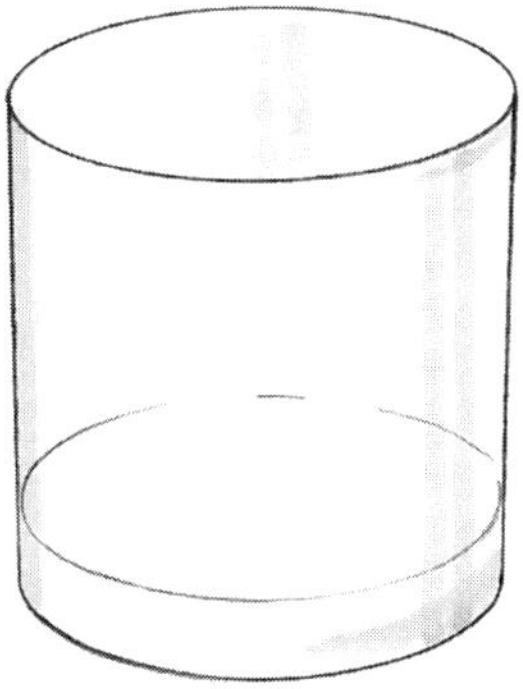

オールド・ファッションド・グラス
手のひらにフィットするがっちりしたグラス。ストレートやロック、水割りまで使える。どちらかというと男性的。

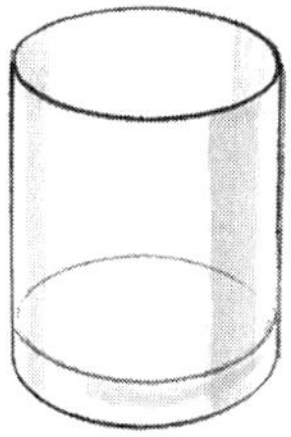

ウイスキー・グラス（ショット・グラス）
ストレートで飲むためのグラス。手のひらにおさまる小ぶりなサイズ。シングル容量の30mlとダブル容量の60mlの2種類がある。いろいろな形、カットがある。

カクテル・グラス
マンハッタンなどショートスタイルのカクテルのときに使う。

チューリップ型のグラス
香りや味がわかりやすく、テイスティングに向く。ワイングラスやノージング・グラスなど。

カウンターが似合う男になる

バーでは紳士淑女にふるまう

家で飲むのもいいが、バーでバーテンダーやほかの客などと会話を楽しみながら飲むのも、酒のおおいなる楽しみだ。ウイスキーの種類もそろっているから、いろいろな種類を飲んでみたいときなど、一杯ずつ頼めるバーは、かえって経済的といえるだろう。

一般に、ホテル内にあるバーは、格調が高い本格的なバーであることが多い。街中にあるバーは、格調の高い老舗店から、カジュアルなバー、酒よりも雰囲気重視のバーなど、じつにさまざまだ。

どのような店を選ぶかは、あなたのお好みだが、おいしいウイスキーやカクテルを飲みたければ、優秀なバーテンダーがいる店を選びたい。そのような店では、こだわりをもって酒類をそろえているし、酒についての知識も豊富だ。シングル・モルトばかりを扱っているモルト・バーもあるので、探してみるといいだろう。

バーは、紳士淑女が酒や会話を楽しむところ。酔って醜態をさらしたり、大声をだして周囲に迷惑をかけたりするのは厳禁。混んできたら席を譲るなどの気配りも、バーでのたしなみのひとつだ。

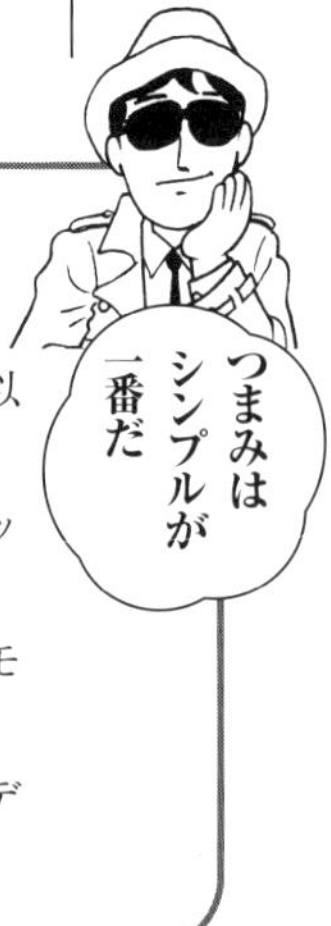
つまみは
シンプルが
一番だ

ちょっとつまみたいときは…

ウイスキーのつまみといえば、ナッツが定番だろう。だが、ナッツ以外にもおいしい組み合わせはある。

たとえばワインの友といわれるチーズはウイスキーにもあう。スコットランド産のナチュラルチーズならスコッチと好相性。

スモーキーなウイスキーなら、スモークチーズや、スモークドサーモンなどの燻製されたものとよくあうだろう。

また、チョコレートやバニラアイス、こってりしたクリームの甘いデザートもウイスキーにぴったりあう。

お気に入りの店をみつける3つのポイント

味

いいバーテンダーがいる店がいい。まずは、本格的なホテルのバーや老舗のバーで飲んでみるといい。最近はモルト・バーなど特定の酒を専門的に扱うバーも増えている。

バーテンダー

うまい酒を出してくれるほかに、気持ちよく過ごせるサービスや人柄も大切。

雰囲気

ひとり静かに飲めるバー、カジュアルでにぎやかなバーなど雰囲気はさまざまだ。客層やバーテンダーの年齢も含めて、好みの店を選ぶ。

バーで楽しむためのマナー

1 BARでは長居をしない 混んできたなと気配を感じたらサッと立つ
2 BARではサケは酔っぱらうために飲むものではないことを自覚する
3 BARでは はしゃがない 大声をださない
なーんだ そんなの ボクにも できるよ
そう誰にでも できることなんだ

ショート・ドリンク

冷たいうちに飲む

ウイスキーは、カクテルのベースとしてもよく使われている。たとえば、ロブ・ロイという、カクテルがある。ロブ・ロイとは、貴族の圧政に反旗を翻した、スコットランドの伝説的な義賊の愛称だ。当然ながら、ベースはスコッチ・ウイスキーだ。

ロブ・ロイは、ショート・ドリンクとよばれるカクテルのひとつ。このショート・ドリンクとは、短時間で飲むもので、たいていは小さなカクテル・グラスに入って出てくる。冷やしながらつくるが、グラスに氷は入っていないので、なまぬるくなって風味が落ちないうちに飲み干してしまいたい。目安としては、10～20分以内だ。

ウイスキー・ベースのカクテルでは、とくにウイスキーの種類を特定しないものもあるが、スコッチとかライとかバーボンをつかうといったように、種類が決まっているものもある。

いずれにしても、ウイスキー・ベースのカクテルはアルコール度数が高いことが多い。いくら短時間に飲むカクテルだからといって、急ぎすぎや飲みすぎにはご注意を。

ウイスキーのことわかってきた?
飲むことがいちばんの勉強だよどうぞ
うん、ますます興味が出てきちゃった

ウイスキー・ベースのショート・ドリンク

ロブ・ロイ

ピート香がほのかに香る甘口のカクテル。アルコール度は強。

材料
スコッチ・ウイスキー　45ml
スイート・ベルモット　15ml
アロマチック・ビターズ　約1ml

つくり方
材料をステア（混ぜる）し、グラスに注ぐ。

ベースのスコッチをライ・ウイスキーにかえると…

マンハッタン

“カクテルの女王”の別名がある。甘く香り高いカクテル。アルコール度は強。

材料
ライ・ウイスキー　45ml
スイート・ベルモット　15ml
アロマチック・ビターズ　約1ml

つくり方
材料をステアし、グラスに注ぐ。

＊シェーク…シェーカーに材料と氷を入れて振る。
＊ステア…ミキシング・グラスに入れた材料をバー・スプーンでかき混ぜる。

チャーチル

甘酸っぱいカクテル。アルコール度はやや強。イギリスの元首相から名前をとっている。

材料
スコッチ・ウイスキー　30ml
コアントロー　10ml
スイート・ベルモット　10ml
ライム・ジュース　10ml

つくり方
材料をシェークし、グラスに注ぐ。

ニューヨーク

ライムの香りが爽快な甘辛口の味わい。アルコール度はやや強。

材料
ライ・ウイスキー　45ml
ライム・ジュース　15ml
グレナデン・シロップ　約5ml

つくり方
材料をシェークし、グラスに注ぐ。

オールド・パル

“古い仲間”という意味。カンパリのほろ苦さがいい。アルコール度はやや強。

材料
ライ・ウイスキー　20ml
ドライ・ベルモット　20ml
カンパリ　20ml

つくり方
材料をステアし、グラスに注ぐ。

ロング・ドリンク

ゆっくり穏やかに楽しむ

ショート・ドリンクに対し、ゆっくりと時間をかけて飲むカクテルが、ロング・ドリンク。ショートよりも大きめのグラスに入り、氷や炭酸が入っていることが多い。30分くらいまでなら、おいしく飲める。

ウイスキー・ベースのロング・ドリンクの代表が、レモンジュースと炭酸を加えたジョン・コリンズだろう。ロンドンのクラブに勤めるウエイター、ジョン・コリンズが発案したものだが、最初はオランダ・ジンがベースだったそうだ。それがいつの間にか、ウイスキー・ベースにかわったという。同じコリンズでも、ジン・ベースはトム・コリンズ、バーボン・ベースはカーネル・コリンズなど、ベースとなる酒の種類によって呼び名が変わるのがおもしろい。

冷たいものだけでなく、ホットもある。温めたウイスキー（173ページ参照）は、体が温まるので、風邪の特効薬として飲まれている。日本の卵酒と同じようなもの。スコットランドには風邪をひいたら、奥さんの顔がダブってみえるほどウイスキーを飲めという意味のいいつたえまであるらしい。風邪をひいたかなと思ったら、試してみたい。

またのお越しをお待ちしております
CLOSED

ウイスキー・ベースのロング・ドリンク

オールド・ファッションド

100年以上昔、ケンタッキーで生まれたカクテル。グラスに飾られた果物をつぶしながら飲む。アルコール度は強。

材料
バーボンまたはライ・ウイスキー　45ml
角砂糖　1個
アンゴスチュラ・ビターズ　約2ml
オレンジスライス　適量

つくり方
材料を氷の入ったグラスに注ぎ、ステアする。

ラスティ・ネイル

アルコール度は強。ドランブイは、スコッチをベースにしたリキュール。

材料
スコッチ・ウイスキー　40ml
ドランブイ　20ml

つくり方
材料を氷の入ったグラスに注ぎ、ビルドする。

ドランブイをアマレットにかえると…

ゴッド・ファーザー

アーモンドの香りがする。アルコール度は強。アマレットは杏のリキュール。

材料
ウイスキー　45ml
アマレット　15ml

つくり方
材料を氷の入ったグラスに注ぎ、ビルドする。

ミント・ジュレップ

ミントの爽やかな香りとぎっしり詰まったクラッシュド・アイスが爽快。アルコール度はやや強。

材料
バーボン　60ml
砂糖　約10ml
水（またはソーダ水）
約10ml
ミントの葉　適量

つくり方
グラスにバーボン以外の材料を入れ、ミントの葉をつぶしながら砂糖を溶かす。クラッシュド・アイスを詰め、バーボンを注ぐ。十分にステアする。ミントの葉とストローを飾る。

＊ビルド…材料を直接グラスに注いでつくる。

アイリッシュ・コーヒー

泡立てた生クリームがのった濃厚なカクテル。アルコール度はやや弱。

材料
アイリッシュ・ウイスキー　30ml
砂糖　約5ml
ホット・コーヒー　適量
生クリーム　適量

つくり方
グラスに生クリーム以外の材料を入れ、ビルドする。泡立てた生クリームをのせる。

HOT ドリンク

おわりに

「酒飲みに悪いやつはいない」

これは、わたしが気に入っているスコットランドの、あるホテルのオーナーの言葉だ。そのホテルのバーは夜の十時になると、客がいようがいまいがおかまいなく、店の人が帰ってしまう。残された客は、飲んだ分だけメモしておくシステムだ。

そんなことでいいのかと聞くと、冒頭の答えだ。ウイスキーの聖地スコットランドは、なんともおおらかで暖かい。だからこそ、わたしはイギリスまで行っても、大英博物館などには目もくれず、エジンバラやアイラ、オークニー諸島などウイスキーを飲み続ける旅をすることになってしまう。

日本で普段どのようにウイスキーと向き合っているかといえば、これはもう、毎日のように飲んでいる。ワイン、カクテル、焼酎……酒はどれも好きだが、ウイスキーにかぎってはつまみはいらない。そのものの香りや味だけを純粋に楽しんでいる。

いちばん幸せなのは、仕事上がりの一杯。ひとりしみじみ飲むのもいいし、バーへいってパアッと飲むのも好きだ。ビールやカクテルを飲んでから、最後に強めのウイスキーを二杯くらい飲むと、じわじわと達成感が込み上げてくる。なんというか、「決まった」という感じなのだ。

締めに飲むのはやはりウイスキーにかぎる。

ただ飲めればいいというだけではない。ウイスキーのコレクションも私の楽しみのひとつだ。いや、わたしの場合は、集めるのが楽しみというよりも、今買っておかないとなくなってしまうという強迫観念が強いだけかもしれない。あの味ともう二度と出会えないかもしれないと思うと、一本といわず、何本かまとめて買ってしまう。洋服で十万円だといわれると、二の足を踏んでしまうが、ウイスキーなら躊躇せず衝動買いをしてしまう。だが、純粋なコレクターではないから、買ったらすぐに飲む。そしてまた買いにいくのだ。

もちろん、すごく気に入って、大切にとってあるボトルもある。いつだったか、かみさんとけんかしたときのことだ。わたしの秘蔵の「グレン・グラント38年」を見つけたかみさんが「これ、割るわよ」と言いだした。そう言われたら、抵抗しようがない。「ごめんなさい」とすぐに謝った。それ以来、自分でも隠したところがわからなくなるくらいしっかり隠すようになった。ワインのように保存に気を遣わずにすむのもウイスキーのいいところだ。

ウイスキーの飲み方として、わたしが大切だと思っていることは、自分のものさしとなる味を体得することだ。気に入った酒を集中的に飲んで、自分のものにする。それを基準にして飲み進めれば、このウイスキーは自分にあうとか、こういう味が好きだとかわかってくる。ものさしとなるウイスキーは、個性のはっきりしているシングル・モルトがいいだろう。わたしの場合はアイラのモルトだ。ラベルで飲んでいると、どうしても薄っぺらな知識になってしまう。身体で覚えてこそ、本物になっていくものだと思っている。気に入ったお酒を見つけたら、何も毎日とはいわないけれど、三日に一回とか、定期的に飲んで身体で覚えてほしい。

ウイスキーの味わいは、同じ銘柄でも、蒸留年、熟成年数、樽の種類、もっといえば、ボトル一本一本によって違う。また、同じボトルでも、一カ月かけて飲むと、飲みはじめ、中間、終わりと微妙に風味や味わいが変わる。

じっくり時間をかけて、ウイスキーの世界を広めていってほしい。本書があなたの世界を広げる一助になればと思う。

なお、本書をまとめるにあたり、幻冬舎の福島広司氏、鈴木恵美氏にご尽力いただいたこと、厚く御礼申し上げたい。

二〇〇四年　九月

古谷三敏

ISLE OF
JURA

索引

●取材協力

「ST.SAWAI ORIONZ」(セント・サワイ　オリオンズ) 東京都中央区銀座7-3-13　ニューギンザビル10階

藤澤倫顕

元木陽一(アイル・オブ・アラン蒸留所スチルマン、BUTT LODGE管理人)

落合省悟

●参考文献

「ALL THAT BOURBON(オール・ザット・バーボン)」森下賢一著(ナツメ社)
「BARレモン・ハート　酒大事典」古谷三敏+ファミリー企画　株式会社全通企画著(双葉社)
「ウイスキー奇譚集」ジャン・レイ著　榊原晃三訳(白水社)
「ウイスキーはアイリッシュ ケルトの名酒を訪ねて」武部好伸著(淡交社)
「ウイスキー銘酒事典」橋口孝司著(新星出版社)
「ケンタッキー・バーボン紀行」東理夫　菅原千代志写真(東京書籍)
「『ザ・スコッチ』バランタイン17年物語」グレアム・ノウン著　田辺希久子訳(TBSブリタニカ)
「サントリークォータリー　第64号　第17巻 4 号」(サントリー)
「サントリークォータリー　第67号　第18巻 3 号」(サントリー)
「シングルモルトウイスキー銘酒事典」橋口孝司著(新星出版社)
「新版 バーテンダーズマニュアル」福西英三 花崎一夫 山崎正信著(柴田書店)
「スコッチ・ウィスキー物語」森護著(大修館書店)
「スコッチ三昧」土屋守著(新潮社)
「スコッチへの旅」平澤正夫著(新潮社)
「スコッチ・モルト・ウィスキー」加藤節雄 土屋守 平澤正夫 北方謙三 橋口孝司著(新潮社)
「世界ウィスキー紀行スコットランドから東の国まで」立木義浩 菊谷匡祐著(同文書院)
「世界の酒5 スコッチ・ウイスキー」井上宗和著(角川書店)
「世界の名酒事典2004年版」(講談社)
「世界の名酒事典2003年版」(講談社)
「知識ゼロからのカクテル&バー入門」弘兼憲史著(幻冬舎)
「パイプ&シガー 大人の嗜好品 魅力と世界」深代徹郎 春山徹郎著(三心堂出版社)
「バーボン最新カタログ」竹内弘直監修(永岡書店)
「ブレンデッドスコッチ大全」土屋守著(小学館)
「モルトウィスキー・コンパニオン」マイケル・ジャクソン著　土屋守監修　土屋希和子訳(小学館)
「モルトウィスキー大全」土屋守著(小学館)
「ワインと洋酒のこぼれ話」藤本義一著(第三書館)

※メーカー、洋酒取扱会社の方々にご協力頂きました。ありがとうございました。

古谷三敏（ふるや　みつとし）

漫画家。1936年、旧満州生まれ。終戦とともに茨城県に移る。55年、少女漫画『みかんの花さく丘』でデビュー。その後、手塚治虫氏、赤塚不二夫氏のアシスタントを経て、『ダメおやじ』を発表（第24回小学館漫画賞）。以後、『BAR レモン・ハート』などのヒット作を次々と発表し、多くのファンを魅了している。

装幀　亀海昌次
装画　古谷三敏
本文マンガ　『BAR レモン・ハート』（双葉社）より
イラスト　押切令子
デザイン　バラスタジオ（高橋秀明）
校正　左近弌弐
編集協力　佐藤道子
オフィス201（高野恵子）
編集　福島広司　鈴木恵美（幻冬舎）

知識ゼロからのシングル・モルト&ウイスキー入門

2004年 9 月30日　第 1 刷発行
2019年 4 月10日　第18刷発行

著　者　古谷三敏
発行人　見城　徹
編集人　福島広司

発行所　株式会社 幻冬舎
〒151-0051　東京都渋谷区千駄ヶ谷4-9-7
電話　03-5411-6211（編集）　03-5411-6222（営業）
振替　00120-8-767643
印刷・製本所　株式会社 光邦

検印廃止

ISBN4-344-90061-8 C2077
Printed in Japan
幻冬舎ホームページアドレス　http://www.gentosha.co.jp/
この本に関するご意見・ご感想をメールでお寄せいただく場合は、comment@gentosha.co.jpまで。